微波热致岩石损伤与断裂力学

袁　媛　邵珠山　著

中国石化出版社
·北京·

图书在版编目（CIP）数据

微波热致岩石损伤与断裂力学 / 袁媛，邵珠山著 .

北京 ：中国石化出版社，2025. 8. -- ISBN 978-7-5114-8036-1

Ⅰ. TU45

中国国家版本馆 CIP 数据核字第 2025EV8816 号

中国石化出版社出版发行

地址：北京市东城区安定门外大街 58 号

邮编：100011 电话：（010）57512500

发行部电话：（010）57512575

http://www. sinopec-press. com

E-mail：press@sinopec. com

宝蕾元仁浩（天津）印刷有限公司印刷

全国各地新华书店经销

*

710 毫米×1000 毫米 16 开本 11. 25 印张 178 千字

2025 年 8 月第 1 版　2025 年 8 月第 1 次印刷

定价：68. 00 元

前　　言

随着人类生存空间开发利用及资源开采逐步向地下深入，深地工程中的岩石破碎安全及效率面临更加严峻的挑战。以全断面隧道掘进机为主的机械破岩方式，在施工中存在设备维护成本高、维修周期长及破碎效率低下等突出问题，近年来提出的微波照射+机械破碎的组合破岩技术具有广阔的发展前景。通过微波照射劣化硬岩强度，可有效提升随后的机械破碎效率，然而如何控制微波能量参数及作用方式，优化岩石强度劣化效果仍需进一步研究。

与此同时，以硬岩碎块为主要成分（粗骨料）的混凝土是世界上除水资源之外消耗量最大的材料，混凝土的可持续发展研究对于环境保护举足轻重。采用微波定向加热破碎废弃混凝土中的砂浆，将粗骨料和砂浆真正分离，与传统机械破碎回收方式相比，得到的粗骨料表面洁净，不含粗骨料-旧砂浆界面过渡区，有望替代天然骨料生产较高强度或大体积混凝土。但是在微波加热破碎废旧砂浆时，粗骨料中含有少量强介电耗散性能矿物，穿透砂浆的微波能量将被这些矿物吸收，在骨料内部产生热应力引起骨料损伤，因此，基于粗骨料周围砂浆情况，优化微波能量输入方式值得深入研究。

综上，微波能量作用下岩石损伤与断裂机理是解决微波辅助破岩及回收高品质粗骨料中技术难题的共同理论基础。本书基于热弹性理论和损伤断裂力学理论，以岩土工程中的典型岩石（花岗岩、玄武岩）为研究对象，探讨岩石的微波加热响应特征及损伤演化、失效过程，致力于建立微波能量输入与岩石力学性能劣化之间的定量关系，为促进相关微波加热工程应用提供理论依据。

本书分为4章，第1章从岩石的微波能量耗散机理出发，分析了微波能量作用下岩石损伤演化及力学性能劣化规律研究现状；第2章基于岩石及矿物的微波加热响应特征实验结果，考虑岩石结构构造特征，建立微波加热岩石理论模型，研究岩石内部微波热致温度场和应力场分布演化规律；第3章通过细观损伤力学方法，研究微波热致应力驱使下的裂纹扩展过程，并基于扩展裂纹的统计规律，定义岩石损伤变量，研究岩石损伤演化规律；第4章从固体断裂力学角度，研究岩石内部初始裂纹的开裂准则，探讨不同初始条件下裂纹开裂所需的临界微波能量，揭示微波能量作用下岩石断裂力学机理。

本书是作者在博士、博士后研究期间取得的一系列成果的汇总完善，这些研究成果离不开导师邵珠山教授的悉心指导，也非常感谢在此期间同门研究生给予的帮助和启发。此外，研究期间得到国家自然科学基金项目（11872287，12432020，12402487）、中国博士后面上基金项目（2022M712495）和陕西省自然科学基础研究计划项目（2023-JC-QN-0451）的资助。限于研究水平及表述能力，不足之处恳请读者批评指正。

袁　媛

2025年5月于西安

目　录

第 1 章　绪论

1.1　研究背景

使用再生粗骨料（RCA）代替天然骨料制作绿色混凝土是固废循环利用中的重点领域，RCA 主要是通过加工建筑物废弃物中的混凝土得到的。由于骨料占混凝土体积的 70%～80%，其中 RCA 占比超过 40%，RCA 的使用可以显著提高水泥基材料的环保性[1-3]。与天然粗骨料相比，RCA 的孔隙率、吸水率和压碎值较高，以及表观密度低，同时还存在有机物吸附和微裂缝[4,5]。如图 1.1 所示，未经改性处理的 RCA 制备的混凝土具有更多薄弱的界面过渡区（ITZ），包括旧砂浆与新砂浆之间（ITZ_1），旧骨料与新砂浆之间（ITZ_2）以及旧骨料与旧砂浆之间（ITZ_3），当未经处理的 RCA 完全替代天然粗骨料时，再生混凝土的力学性能和耐久性会显著下降[6,7]。

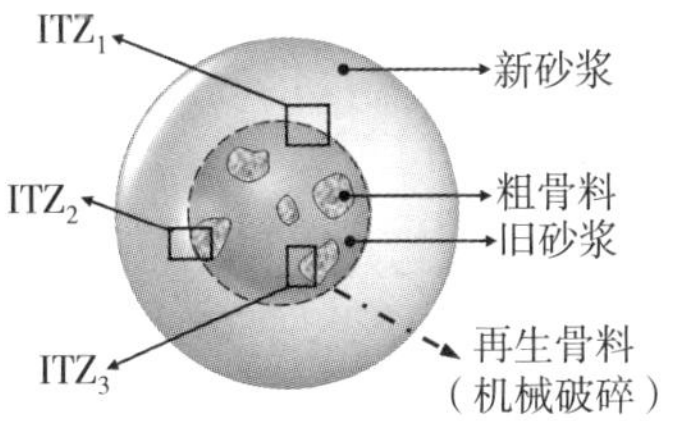

图 1.1　再生混凝土结构

混凝土粗骨料与周围附着砂浆之间的介电性能具有明显差异，在微波加热过程中，粗骨料周围的附着砂浆吸收耗散更多的微波能量，先于骨料发生破碎与骨料分离。采用微波照射技术去除再生粗骨料表面的附着砂浆，可有效提升再生粗骨料的强度及表观密度，降低其吸水率、孔隙率和压碎值，是最具发展前景的 RCA 品质提升技术之一[8-11]。

粗骨料中大多数矿物成分的介电耗散性能比砂浆的弱，有少数金属矿物，其介电耗散性能与砂浆接近甚至强于砂浆[12-14]。即使粗骨料中含有少量金属矿物，微波照射时这些矿物会吸收一定微波能量转换为热能，使其温度急剧升高的同时在粗骨料内部形成显著的温度梯度，引发骨料损伤。此外，当微波能量输入超出砂浆所能吸收耗散的总量时，多余的微波能量也会被粗骨料矿物吸收从而导致骨料损伤。如图 1.2 所示，在保证骨料分离的前提下，避免微波能量过度输入引发的骨料损伤是微波照射促进 RCA 品质提升技术中迫切需要解决的问题，而解决该问题的关键是微波电磁场中粗骨料的损伤机理。

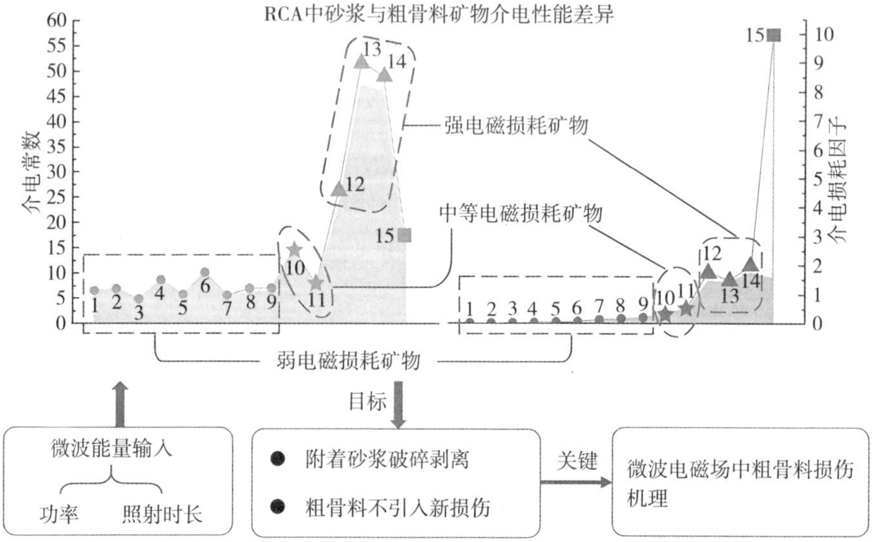

图 1.2　微波加热促进 RCA 品质提升的目标及关键问题

1—橄榄石；2—透辉石；3—石英；4—方解石；5—钠长石；6—铁铝榴石；7—微斜长石；8—白云母；9—普通辉石；10—角闪石；11—黑云母；12—赤铁矿；13—方铅矿；14—磁铁矿；15—砂浆

另一方面，地下工程建设中，交通隧道、矿山巷道及引水隧洞的掘进均面临硬岩破碎开挖。全断面隧道掘进设备（TBM）具有围岩扰动小、自动化与机械化程度高等优点[15]，目前广泛应用于硬岩破碎工程。然而，TBM 在掘进过程需克服硬岩极高的抗压或抗剪强度，刀头磨损严重及能耗高等问题比较突出。据统计，TBM 刀头磨损及维护费用超过整个隧道项目预算的 1/5，检修及替换刀头所用的时间约占整个工期的 1/3[16,17]。如果在机械破碎之前对岩石进行预处理使其强度退化，则可以有效降低机械刀头磨损，提高破岩效率。

学者们提出了一系列硬岩预处理技术以劣化岩石性能[18-20]，其中通过微波加热降低岩石强度，提高 TBM 掘进效率（图 1.3），是最具发展前景的新型破岩技术之一[21~24]。通过微波照射硬岩，岩石中各矿物成分对电磁能量的响应不同，强响应矿物获得更高的加热速率，在岩石内部形成显著的温度梯度，促使相邻矿物之间热膨胀失配产生热应力，热应力驱动初始裂纹扩展、贯通导致岩石性能劣化[25,26]。相比传统的由外至内传导式的无差别整体加热方式，显然微波加热更加高效，可获得更高的有效能源利用率。微波照射辅助提高机械破岩效率受到众多因素影响，包括电磁波形（单模或多模）、频率、功率、照射时长及照射方式等[27,28]。确定合理的输入微波能量参数以保证硬岩破碎效果，是目前亟待解决的问题。

微波辅助硬岩破碎中需要控制微波能量参数促进岩石损伤，而微波照射改良再生粗骨料中需要控制微波能量参数避免岩石损伤。微波照射下岩石损伤机理是两者必要的共同理论基础。微波能量作用下岩石损伤涉及电磁-热-力多场耦合作用，伴随着电磁能转换为热能（岩石中矿物成分耗散微波能量使其温度升高），热能转换为岩石应变能（矿物之间热膨胀失配产生热应力），应变能转化为裂纹表面能（热应力驱使岩石内部裂纹发生扩展）的多重能量转化过程。此外，岩石本身的矿物组构、初始裂纹分布等也对其损伤演化具有显著影响。必须对电磁-热-力多场耦合作用下硬岩力学性能劣化机理进行深入研究，建立微波能量参数与硬岩损伤演化之间关系的统一模型，从而为实际工程应用中微波能量输入控制提供理论基础。

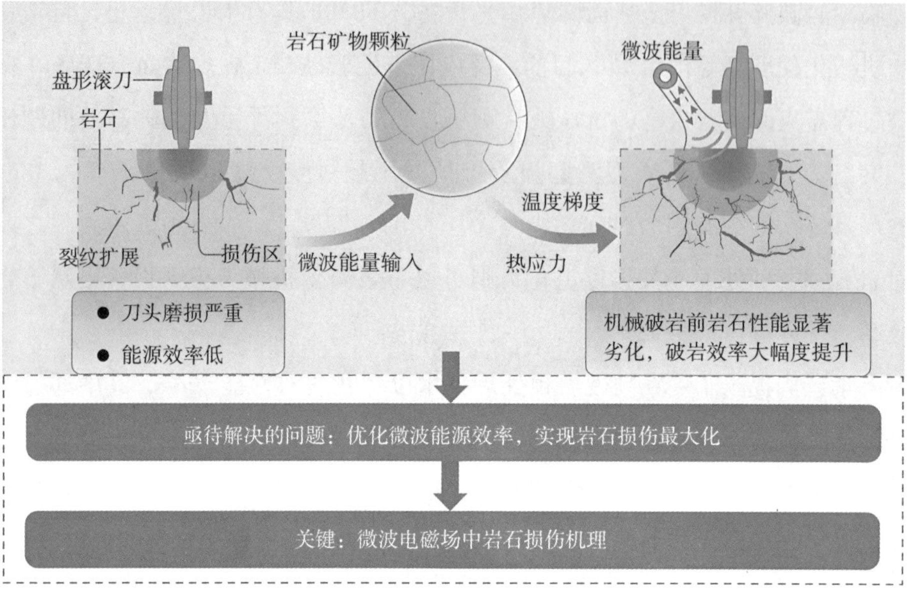

图 1.3　微波加热破岩与 RCA 品质提升技术的共性关键问题

1.2　研究现状

1.2.1　岩石的微波能量耗散机理

微波是波长很短的电磁波，波长范围在 0.001~1 m 之间，比超短波还短，所以称为“微波”，微波频率很高，其范围在 0.3~300 GHz 之间，故又称超高频电磁波[29]。第二次世界大战期间，对高清晰度雷达的深入研究促进了微波（500 MHz~100 GHz）技术的发展，磁控管作为一种微波发生器，可以高效传输极高功率的微波。战后，微波技术得到进一步发展，由于与低频处理方式相比，高频显示出突出的优势，在家用及工业应用领域都引起了广泛关注。工业应用中，根据国际协议，为了尽量减少对通信服务的干扰，微波加热的频率通常选择接近 900 MHz 或 2.45 GHz[30]。

微波加热的原理是电介质材料在外加电磁场的作用下，内部介质分子极化产生的极化强度矢量落后于电场一个角度，从而导致与电场同相的电流产生，构成了材料内部的功率耗散。根据参加极化的微观粒子种类，电介质分子极化大约可分成以下几类：（1）电子极化：在外电场作用下，构成原子外围的电子云发生振荡，相对于原子核发生位移形成的极化称为电子极化；（2）原子极化：在外电场作用下，构成分子的原子（或原子基团）或离子发生相对移动形成的极化称为原子极化；（3）偶极子转向极化：极性电介质的分子在无外电场作用时，就有一定的偶极矩，但它在各个方向的几率是相等的，因此，宏观地看，其偶极矩为零，当受到外电场作用时，偶极子与电场的作用就会产生转矩，出现沿外加电场方向的宏观偶电矩，这种极化称为偶极子转向极化[31,32]。电子、原子极化建立或消除的时间很短，一般约为 $10^{-16} \sim 10^{-12}$ s 量级，因此微波加热效率极高。

岩石及其矿物成分均属于非磁性电介质，微波照射下只受到电场分量的影响，主要的极化形式为偶极子转向极化。如图 1.4 所示，岩石中各矿物分子包含不同的正、负极原子，形成一定的偶极矩，未进行微波加热前，岩石整体偶极矩为零，在交变电场作用下，偶极子与交变电场相互作用频繁改变转向，分子间的相互作用力抵抗这种转向时使分子动能增加，导致各矿物被整体加热[33]。此外，由于岩石中包含多种矿物，各矿物分子在微波电场作用下运动规律不同，分子间相互作用力抵抗分子转动导致的各矿物整体加热程度也有差别，从而在岩石内部形成非均匀的温度梯度。

材料的微波吸收性能取决于介电性能，介电性能由复数形式的介质常数表征：$\varepsilon^* = \varepsilon' - j\varepsilon''$，其中，$\varepsilon'$ 为介电常数；ε'' 为损耗因子，ε'' 的值越大，吸收微波的能力越强[34,35]。介质材料的复介电常数测试方法有：时域法、频域传输线技术（包括传输/反射法）、微波闭腔法（包括谐振腔微扰法）、开式谐振腔法、微波自由空间法等，其中谐振腔微扰法通过介质材料放入金属谐振腔前后腔体谐振频率和品质因数的变化来计算材料的复介质常数，具有操作简单、测量精度较高的优点，被广大学者广泛采用。鉴于天然岩石矿物成分分布不均匀，并存在裂纹、孔隙等缺陷，为了提高岩石矿物复介电常数的测量精度，李雄耀等[36]提出了微矩形谐振腔微扰法测量岩石矿物复介电常数的方法；唐宗熙和张彪[37]提出了一种无损、非接触式测介电常数的微波自由空间法。

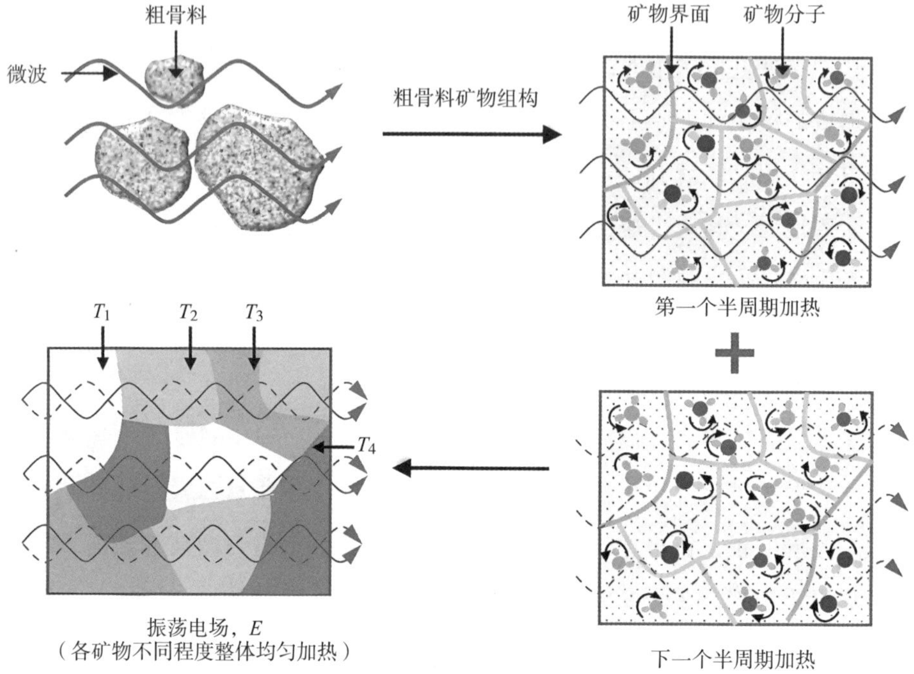

图 1.4　微波电场作用下岩石非均匀加热机理

岩石及矿物的介电性能受到多种因素的影响，包括微波频率、温度、水分含量、组成元素、晶体结构以及密度等。Saint[38]分别研究了块体状、粉末状花岗岩和玄武岩在微波频率为 50~106 Hz，温度为-60~400 ℃时的介电性能，发现温度升高可以轻微提高干燥块体状岩石的介电损耗因子，但是对粉末状岩石的介电损耗因子影响较大，使得其峰值点对应的微波频率增大。Campbell 和 Ulrichs[39]采集了不同矿山的玄武岩和花岗岩，分别测试其在 450 MHz 和 35 GHz 介电性能，在大多数情况下，块体花岗岩及玄武岩在 35 GHz 的介电损耗因子大于其在 450 MHz 时的值。Ulaby[34]等的研究表明对于所有被测试岩石试样，在 0.5~18 GHz 范围内，其介电常数只与密度有关，与微波频率无关。肖金凯[40]对 100 多种天然矿物的介电特征进行研究，发现结构水对矿物的介电特性影响不大，当吸附水积累到一定量时，对介电性质的影响异常明显，并得到了岩石-水系统介电常数与吸附水体积百分含量的关系式。由于块体岩石相比于粉末状的岩石密度更高，因此对于同一种岩石，块状的介电性能高于粉末状的介电性能[41]。Drury 等[42-44]通过研究得到了孔隙率和介电性能的关系，并建议了三种影响玄武岩导电性能的机制：孔隙流体传导；蒙脱石黏土中的热活化传导；其他矿物成分的传导。Takubo 等[45]研究了火成岩中二氧化硅含量与介电常数的关系，发现随着二氧化硅含量的降低，其介电常数在逐渐增大。此外，在 2.45 GHz 微波照射下，水分含量提高可以有效提高材料的介电性能。Bassett[46]利用频率为 9.4 GHz 微波点聚焦天线测量了熔融石英的复介电常数，得到了复介电常数随温度的变化规律。

根据介电特性，微波穿透深度和功率吸收密度是量化材料与微波相互作用的重要参数。从材料表面算起，当电场强度下降为 1/e 时的距离被定义为穿透深度 D_p（m），其数学表达式为[47]：

$$D_p = \frac{\lambda_0}{2\pi(2\varepsilon')^{1/2}}[(1+(\varepsilon''/\varepsilon')^2)^{1/2}-1]^{-1/2} \tag{1.1}$$

当材料介电损耗很小，即 $\varepsilon''/\varepsilon' \ll 1$ 时，以上公式可进一步化简为：

$$D_p = \lambda_0(\varepsilon')^{1/2}/(2\pi\varepsilon'') \tag{1.2}$$

其中，λ_0（m）为微波波长。

对于厚度大于穿透深度范围的介质材料，吸收的微波功率密度 P_d（W/m^3）可按下式估算[48]：

$$P_d = 2\pi f\varepsilon_0\varepsilon'' E_{rms}^2 \tag{1.3}$$

其中，E_{rms}（V/m）为电场强度的均方根。

根据花岗岩试样及其主要矿物成分的介电性能，对比分析了它们在穿透深度和功率吸收方面的差异，如图 1.5 所示，石英（Qtz）的介电常数和介电损耗都较小，因此微波功率吸收受到限制，其穿透深度较大。与石英相比，斜长石（Pl）和黑云母（Bt）的介质损耗明显增加，相应的穿透深度较小，只能加热到表层。花岗岩的介电性能受各矿物介电性能的综合影响，花岗岩的穿透深度大于黑云母，但小于斜长石。

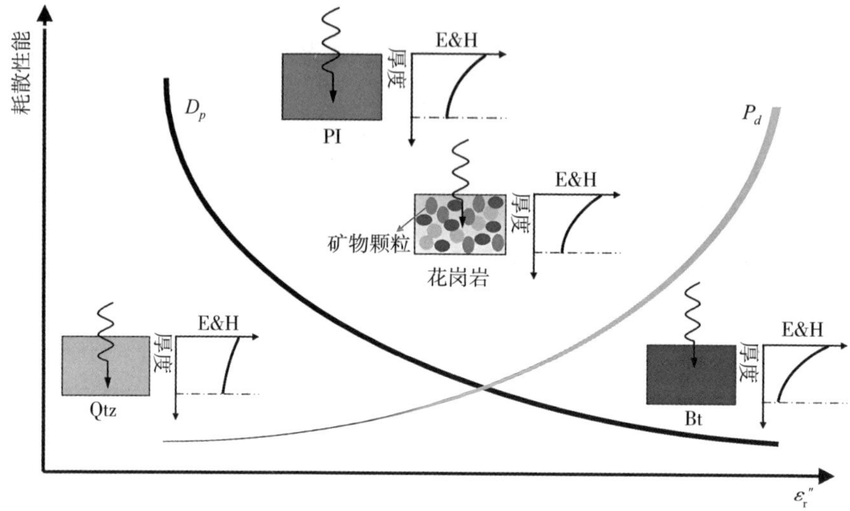

图 1.5　岩石及其矿物成分的微波吸收耗散特征

对于自然界中的成岩矿物，根据微波加热程度的不同，可定性地将其分为两组：(1) 无热量产生，矿物性质完全不受影响；(2) 热量产生，矿物性质保持稳定不变或迅速分解。大多数的硅酸盐、碳酸盐、硫酸盐矿物及部分氧化物和硫化物属于第一组；一些金属氧化物如黄铁矿、磁铁矿、锡石属于第二组，且具有热稳定性；大多数的硫化物、硫盐矿物、砷化物也属于第二组，且在微波照射下发生分解或熔融。进一步，矿物的微波吸收性能与其化学组成元素息息相关，富含铁元素的矿物对微波照射更敏感[49,35]。

用于微波加热处理物料的设备，通常包括微波源、波导、加热腔、温度监控系统[50]，如图 1.6 所示。磁控管是发明最早、效率最高、目前使用最广泛的微波源，随着微波技术的发展和应用，对磁控管提出的要求也更高，工业微波加热系统中使用的磁控管单管输出功率不断提高，目前最大可达到 100 kW。有关磁控管及交叉场放大器的理论研究及实践应用引起了国内外学者的广泛关注，多种计算机模拟软件如 MAGIC、MAFIA 的出现极大推动了磁控管分析设计技术的发展，主要体现在基于修正计算电子数目和扩大时间步的精确高效计算，包括：计算空间电荷场以及阴极附近电子的区别算法——布尼曼循环约简法；环路电场及其感应电场计算——拉莫（格林）方程；平均射频信号的预测及修正等[51-53]。

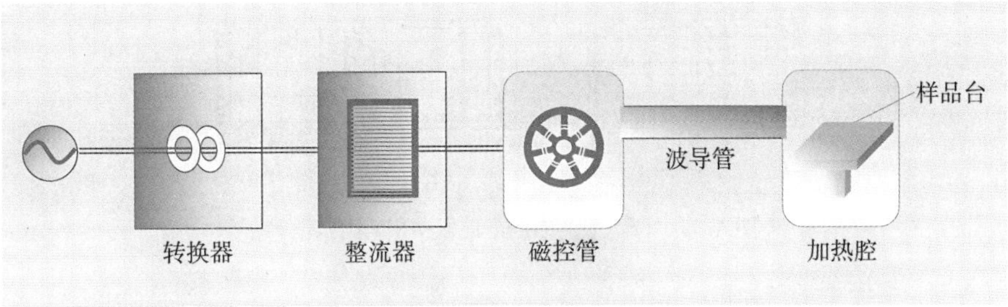

图 1.6　微波加热系统基本组件

其中，用来导引电磁波进行定向传输的装置称为波导，按结构分为：平行双线传输线、同轴线、带线和微带线等；按横截面形状分为：矩形波导、圆形波导和椭圆波导等；按使用频段分为：介质波导和光纤。国内外的学者针对矩形波导中传输的电磁场与被加热材料的相互作用进行了大量研究[54-56]。矩形波导中只能传输 TE 波（$E_Z=0$）和 TM 波（$H_Z=0$），电磁场幅度沿 z 方向衰减，并且没有了等相位面的移动，失去电磁波的传输特征，称之为截止，矩形波导中各种波形的截止波长如图 1.7 所示。若工作波长 λ 满足：$\lambda_{10}>\lambda>\lambda_{mn}$，则波导内只有 TE_{10} 波单模传输，TE_{10} 称为基模，其他波通称为高次模。TE_{10} 波在矩形波导管中传输的电磁场分布如图 1.8 所示。

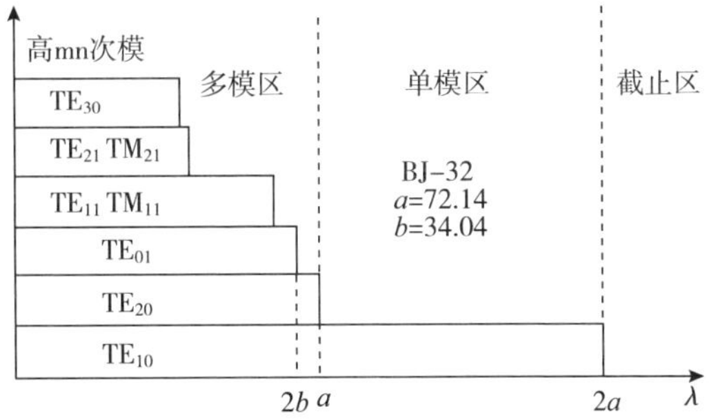

图 1.7　矩形波导中电磁波传输

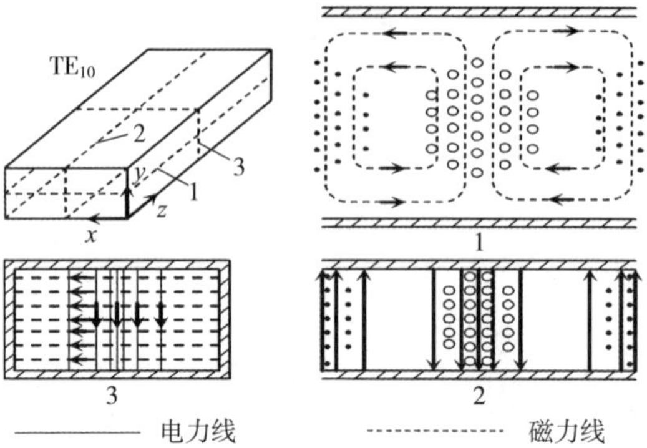

图 1.8　TE_{10} 波在矩形波导中的电磁场分布

1.2.2　微波能量作用下岩石细观开裂特征

细观损伤力学从材料的细观结构出发，对不同的细观损伤机制加以区分，通过研究细观结构变化的物理与力学过程了解材料破坏，并通过体积平均化的方法从细观分析结果导出材料的宏观性质[57,58]。在外力作用下裂纹发生扩展使细观损伤积累到一定程度时，就会导致宏观力学性能的劣化，包括弹性模量[59-61]、渗透性[62,63]、热传导性能[64,65]、断裂韧度[66]等。非均质材料有效刚度或柔度的改变在损伤力学中常被作为损伤累积的一种定量表征，周家文[67]等对岩石内部微裂纹的统计分布规律进行分析，得到含细长微裂纹脆性岩石有效弹性参数的计算公式，建立了微裂纹损伤本构模型。Fan[68]等基于 CT 扫描结合三维重构技术研究了高温作用下花岗岩微观孔隙率的变化规律（图 1.9），通过空间裂纹统计分布规律研究了热应力作用下岩石损伤梯度分布规律。此外，将岩石细观结构演化与宏观强度相联系的近似方法还包括稀疏方法、自洽方法、Mori-Tanaka（MT）方法和微分方法等[69-72]。Pont 等基于 Eshelby 夹杂问题的基本解推导了可以考虑裂纹相互作用和空间分布效应的 PCW 和 IDD 均匀化方法[73-75]。

断裂力学针对含裂纹材料，寻找控制裂纹开裂和失稳扩展的物理参量，并建立扩展准则。研究裂纹扩展有两种观点，一种是能量观点，当裂纹扩展一增量，使得释放的弹性能多于产生新裂纹表面所需的能量时，则发生裂纹

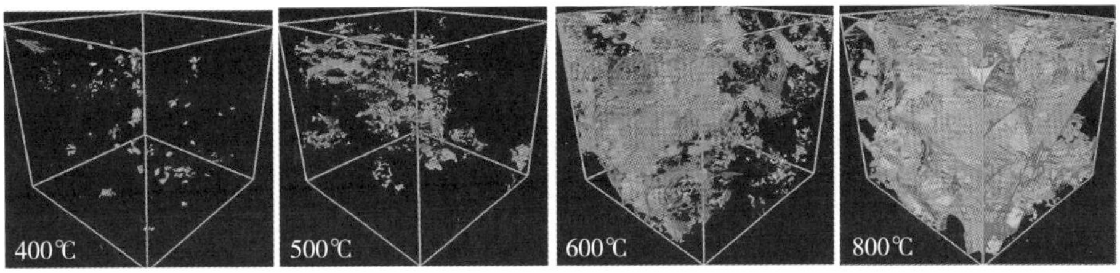

图1.9 花岗岩孔隙率随温度的变化规律

失稳扩展；另一种观点是应力场强度观点，当裂纹尖端应力场强度因子超过表征材料特性的临界应力强度因子时，裂纹发生失稳扩展[76]。Wang[77]等基于断裂力学应力场强度观点研究了温度应力作用下脆性材料中双平行裂纹扩展行为及其之间的相互影响机制。Zhou[78]，Wang[79]和左建平[80]等分别基于应力场强度观点和能量观点研究了岩石中预制裂纹分布特征对裂纹扩展行为的影响。Fredrich 和 Wong[81]以花岗岩、辉绿岩、石灰岩为研究对象，通过扫描电镜观测三种岩石试样在经历不同高温之后的微裂纹分布，并通过体视学技术定量研究花岗岩中的裂纹密度，基于能量平衡原理建立了断裂力学模型，预测了裂纹出现、扩展的温度。Marder[82]基于 Cotterell 和 Rice[83]的理论研究了热应力作用下薄玻璃片中裂纹失稳扩展的力学机理，得到了与裂纹扩展速度相关的断裂能。Corson 等[84]基于局部对称方法和格里菲斯断裂理论研究了热荷载作用下裂纹扩展路径，得到了裂纹尖端演化方程的解析解，并由直线式裂纹扩展延伸到波浪式裂纹扩展。以上成果可以为微波电场作用下岩石裂纹扩展准则及失稳扩展行为的研究提供参考。

在理论研究的基础上，对微波照射下的岩石试样进行细观观测，研究其裂纹扩展过程可以直观反映岩石损伤、断裂特征。Homandetienne 和 Houpert[85]研究了花岗岩在 20~600 ℃热处理过程中的裂纹扩展情况，通过扫描电镜观测裂纹长度和宽度的变化，研究结果表明热处理过程中，裂纹的长度基本无变化，宽度随温度升高而增加，基于扫描电镜的观测结果的裂纹孔隙率变化规律与压缩试验进行了对比验证。Zeng 等[86]只对微波加热前后两个时间节点的花岗岩试样局部区域进行细观裂纹扩展原位观测，发现新生的矿物晶粒界面裂纹，以及由初始裂纹扩展至矿物晶粒内部的裂纹（图 1.10）。

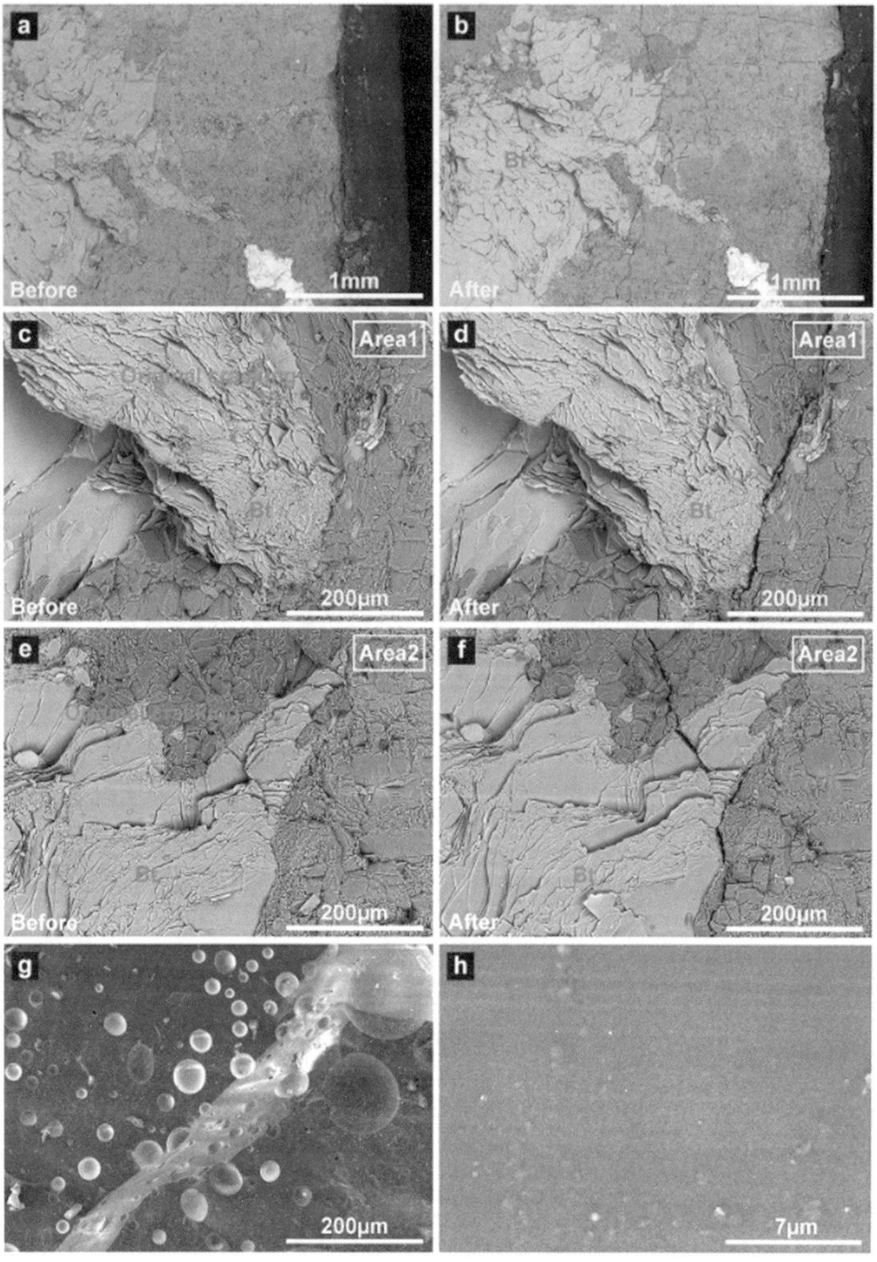

图 1. 10　微波照射下岩石细观裂纹扩展：a~f：在最高温度（600 ℃）的微波辐照前后对试样表面的现场观察；g，h：800 ℃下熔化矿物的表面

Nicco 等[87]对包含不同矿物结构种类的花岗岩类在微波加热后的裂纹分布特征进行研究，发现晶内裂纹沿矿物解离分布，晶间裂纹出现在热膨胀变形较大的矿物界面。Xu 等[88]通过 P 波波速衰减结合温度分布及岩石断裂类型研究了微波电磁场作用下辉绿岩中损伤及断裂的形成，分析了最大主应力分布与断裂区域之间的联系。Ma 等[89]根据 P 波波速沿岩石试样厚度方向的衰减定义了等效损伤区，研究了闪长岩在微波加热后的细观断裂特征。由于相关原位细观观测试验设备及方法的限制，微波照射下岩石细观裂纹扩展过程的原位观测还无法精确实现。

利用断裂力学、细观损伤力学原理，结合细观实验研究，可对微波照射下岩石裂纹扩展过程进行深入研究，全面了解岩石的性能劣化过程及机理，通过更加深入的理论研究，可有效促进相关微波加热技术工程应用发展。

1.2.3　微波能量作用下岩石力学性能劣化规律

微波能量作用下，岩石性能劣化宏观表现为单轴抗压强度、抗拉强度、断裂韧度等发生下降。火成岩类如花岗岩和玄武岩是岩土工程中常见的硬岩种类，国内外的学者针对这类岩石在微波照射下的力学性能（抗压强度、抗拉强度、断裂韧度、耐磨性等）退化规律进行了大量试验研究。

Jerby 等[90]通过同轴线波导和由钨棒制成的单轴天线构造了微波钻孔设备，通过近场微波辐射在岩层表面之下产生“热点”，导致岩石发生熔融后插入电极棒，在熔融物冷却过程中移除电极棒形成钻孔。该研究显示了近场微波加热效率的高效性。Hartlieb 等[91]采用单模高功率微波（24 kW）对花岗岩进行预处理，评估其对后续机械开挖的影响，发现对于不同宽度的切割面，可以使切割力下降 1 kN 以上，同时能耗可降低 15 $kW \cdot h/m^3$。与多模微波加热方式相比，单模虽然可以集中提高能源效率，但是也伴随热失控的风险，会对岩石破碎或者混凝土粗骨料回收利用产生不利影响[92]。

多模微波加热方式下，通过高功率、短时长的能量参数组合，可有效降低岩石强度[93-95]。Kahraman 等[96]通过微波加热火成岩类试验研究发现，花岗岩强度（抗拉及抗压强度）折减存在温度阈值，当加热到 100 ℃时，抗拉强度才会随着温度升高发生下降，抗压强度发生折减所需要的温度阈值为 200 ℃；然而玄武岩和闪长岩的强度随着微波能量输入持续下降，无温度阈值。Batchelor 等[19]的研究表明：多相复合矿物中强电磁损耗矿物含量为 2%~20%时，其强度退化效率更高。如低品位铜矿，经过 5 kW 功率微波照射 5 s 后，其强度明显下降[97]。微波加热结合水浴冷却的方式可以对岩石产生“热震”效应，使其动态抗拉强度显著降低[98]。当岩石中孔隙水含量较高时，这些水分在微波照射下剧烈汽化产生蒸汽压力，从而促进岩石中的初始裂纹开裂扩展，加速岩石力学性能劣化[99]。Li 等[100,101]研究了微波照射下花岗岩 I 型动、静态断裂韧度的折减规律，除了微波照射参数，岩石断裂韧性（断裂能、断裂韧度）对加载速率和岩石断裂速度也显示出敏感性。

在宏观实验研究结果的基础上，已有研究采用数值模拟得到了不同微波照射条件下岩石内部的温度场、应力场分布规律，基于各矿物中应力场分布特征与岩石宏观强度对比，判定岩石损伤特征。

基于介电性能可以将岩石中的主要矿物成分定性分为强、弱电磁损耗矿物，从而建立强损耗矿物颗粒分布于弱电磁损耗矿物中的模型，根据所研究的矿物组构影响因素不同，主要分为以下三种（图 1.11）：（1）单个强电磁损耗矿物颗粒（吸收相）分布于弱电磁损耗矿物基质（透明相）中，探讨强损耗矿物颗粒的形状、尺寸对微波能量输入下导致的温度场和应力场分布演化规律的影响[102-107]；（2）根据不同电磁损耗性能矿物在整个岩石中的体积分数，生成形状和分布位置均随机的吸收相矿物颗粒，探讨强电磁损耗矿物颗粒形貌对电磁场、温度场和应力场分布演化规律的影响[108-109]；（3）基于实际晶体颗粒形状特征和分布形态，建立岩石模型[110-111]。

通过以上微波加热岩石模型，基于得到的应力场分布演化规律，通过最大拉应力理论结合莫尔-库仑准则分别定义岩石的抗拉损伤和抗压损伤条件[112-114]。此外，Cui 等[115]建立双层两相矿物叠放的岩石模型，研究了微波

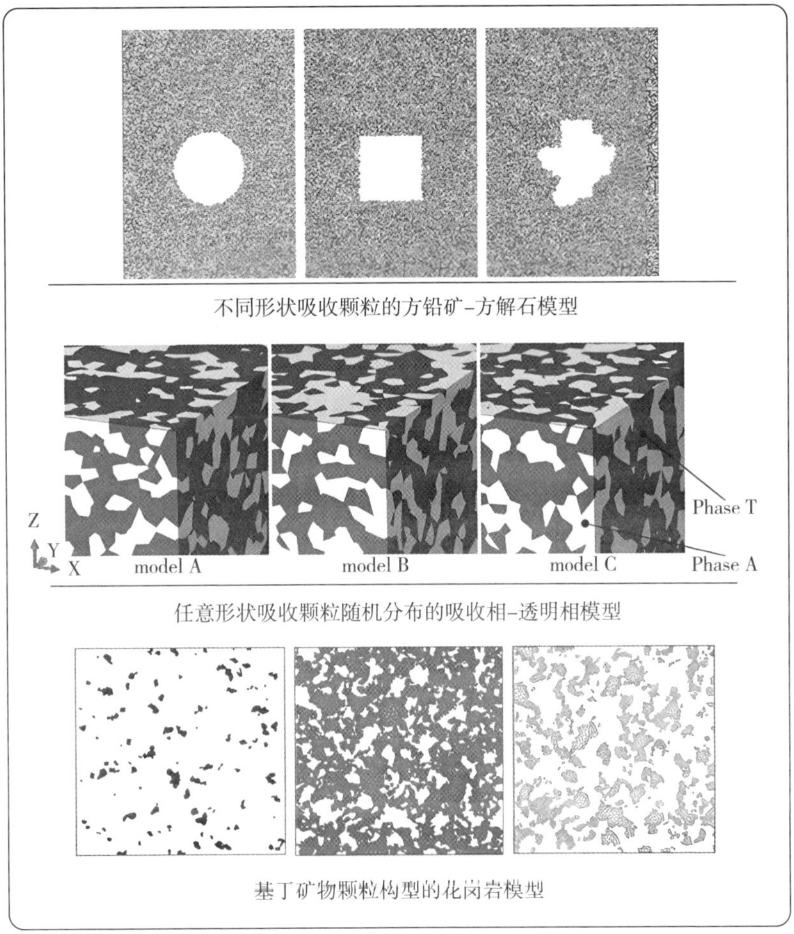

图 1.11　微波热致非均匀岩石应力分析数值模型构型

照射下页岩内部的电磁-热-力耦合效应，采用应变权函数定义损伤变量，分析了微波加热页岩的损伤行为。Ma 等[116]基于 FEM-DEM 的方法，采用插值算法结合随机分布算法建立圆形矿物颗粒随机分布的岩石模型，定义当颗粒之间的应力超过其粘结强度时，平行键破坏，即产生新裂纹，随着热应力增加，周围不同颗粒之间形成的裂纹共同构成了“断裂场”。也有学者采用 Liu 等[117-120]关于热处理后岩石弹性模量的变化定义热损伤的方法来研究微波照射后岩石损伤演化规律。

以上研究显示矿物介电性能、结构组合、颗粒形状及尺寸均对岩石温度场、应力场分布规律有显著影响，建立具有代表性的岩石矿物结构模型，准确反映微波照射下实际岩石内部的温度场、应力场分布规律需要进一步研究。此外，基于岩石损伤、断裂力学的本构模型也需要深入研究，以准确预测微波能量输入下岩石力学性能劣化规律。

1.3 研究内容

本书基于微波能量作用下岩石矿物组构特征及其微波加热响应特征，建立具有代表性的微波加热岩石理论模型，研究微波热致岩石损伤演化规律，揭示岩石矿物与微波电磁场相互作用的断裂破坏机理，为微波辅助岩石破碎和促进 RCA 品质提升技术的应用及发展提供一定的理论指导。

通过对岩石试样及其主要矿物成分进行介电耗散性能研究，将矿物进行分类，建立微波加热复合矿物结构岩石模型，并将矿物在微波照射下的实际升温规律作为热传导模型的边界条件，得到岩石温度场分布演化规律；将温度场函数代入应力场控制方程，得到应力场分布演化规律；探讨微波能量输入参数及矿物组分的电磁、热、力物理性能对温度场和应力场的影响规律。基于岩石试样的实际矿物组构建立多相矿物岩石电磁-热-力耦合数值模型，探讨异质矿物界面形貌对微波电场传播规律的影响，进而探讨电场强度分布及岩石矿物组构协同作用下的温度场、应力场演化规律。

基于岩石细观力学损伤模型研究成果，将微波热致裂纹扩展的统计规律反映到岩石宏观力学性能劣化中。通过研究简单均匀岩石模型在微波能量作用下的裂纹扩展及损伤演化规律，揭示了微波热致岩石损伤演化过程中的能量转换原理，即由微波能转换为岩石应变能，进而转换为扩展的裂纹自由面表面能。考虑裂纹长度和体积定义岩石损伤参量，建立起微波能量输入与岩石损伤演化的定量理论联系。进一步将该研究成果应用于复合矿物结构岩石损伤演化规律研究中，探讨不同介电性能矿物相对含量及物理性能对微波热致岩石损伤演化规律的影响。

基于裂纹扩展的断裂力学机理，研究初始裂纹特征（长度、位置、倾斜角度）对裂纹扩展行为的影响。对于复合矿物结构岩石模型，在微波热致应力场分布演化规律研究基础上，分析初始裂纹尖端应力状态及应力强度因子，判断裂纹扩展方向及扩展模式（Ⅰ或Ⅱ型），得到裂纹起裂所需的临界应力，即可反推得到临界微波能量。对于多相矿物结构岩石模型，分析异质矿物界面裂纹的扩展特征，探讨界面形貌对裂纹扩展规律的影响；统计多相矿物结构岩石模型中，可发生裂纹扩展的区域，即可直观展示矿物结构对岩石损伤演化特征的影响，并与微波照射后岩石宏观力学性能劣化实验结果对比分析，揭示微波热致岩石断裂破坏机理。

第2章 微波热致岩石温度场及应力场分布演化规律

岩石中包含多种矿物成分，各矿物的结晶程度、形态以及在空间位置上分布的相互关系统称为岩石结构；构造是指岩石中不同矿物集合体之间或集合体与岩石其他组成部分之间的排列方式、充填方式及其表现形式等特征[121]。岩石的结构构造会影响穿透电磁场的反射、散射和吸收行为，进而决定岩石中整体的电场强度分布规律。各矿物颗粒在自身介电性能的支配下吸收耗散微波能量产生热量，不同种类的矿物颗粒之间介电性能存在差异，在异相矿物界面处形成温度梯度，加剧了两种矿物热膨胀性能差异导致的变形失配，相比整体均匀加热和依靠热传导方式的缓慢加热，短时、非均匀的微波加热方式会导致更大的热应力及热应力累积速率。本章基于岩石结构构造及矿物组分的介电特性，建立微波加热岩石力学模型，研究微波能量作用下岩石中的温度场及应力场分布演化规律。

2.1 岩石试样的微波加热响应特征

2.1.1 岩石试样的结构构造特征

玄武岩由斑晶和基质组成，其中斑晶约占岩石总体积的3%~5%，基质约占95%~97%。岩石具有微晶结构、斑状结构、填间结构、块状构造等特征。斑晶由橄榄石、角闪石和辉石组成。橄榄石为短柱状，粒度0.20 mm×0.40~

0. 45 mm×1. 25 mm，裂纹发育，单偏光显微镜下呈淡绿色，正交偏光下具有鲜艳的二级蓝干涉色。角闪石为短柱状，薄片下呈浅黄褐色，多色性明显，粒度 0. 10 mm×0. 25 mm～0. 25 mm×0. 40 mm。辉石为短柱状，薄片下呈浅黄绿色，粒度 0. 10 mm×0. 15 mm～0. 20 mm×0. 30 mm，颗粒内部可见辉石式解理。

玄武岩基质由斜长石微晶、橄榄石、辉石、角闪石、火山玻璃、金属矿物等组成。斜长石微晶呈长柱状交织排列，粒度 0. 02 mm×0. 10 mm 左右。橄榄石为半自形粒状，充填在斜长石颗粒间隙之间。辉石为细粒状，粒度 0. 02 mm×0. 05 mm 左右。角闪石为粒状，粒度 0. 04 mm×0. 05 mm 左右，部分发生黑云母化。火山玻璃为他形，薄片下呈无，正交偏光下全消光。金属矿物为细小长柱状，可能为钛磁铁矿。

花岗岩主要由石英、斜长石、微斜长石、条纹长石、黑云母、金属矿物、角闪石等组成。该岩石具有半自形粒状结构、文象结构、块状构造等特征。石英、斜长石、微斜长石、条纹长石等呈半自形粒状。石英往往与斜长石、微斜长石、条纹长石组成文象结构。岩石内部发育微细的裂纹。

石英为半自形粒状，粒度 0. 30 mm×0. 40 mm～0. 80 mm×1. 50 mm，干涉色一级灰—一级黄白，负低突起。斜长石为板柱状，粒度 0. 20 mm×0. 6～0. 50 mm×2. 50 mm，可见聚片双晶，部分颗粒有环带结构发育。微斜长石为半自形粒状，粒度 0. 40 mm×0. 45 mm～1. 20 mm×1. 30 mm，颗粒内部可见格子双晶。条纹长石为半自形粒状，粒度 0. 40 mm×0. 45 mm～2. 00 mm×2. 20 mm，颗粒内部可见由钠长石组成的条带。黑云母为片状，粒度（片径）0. 20～0. 45 mm 左右，镜下呈黄绿色。金属矿物为等轴粒状，粒度 0. 05 mm×0. 06 mm 左右。

玄武岩与花岗岩岩石试样的结构构造特征如图 2. 1 所示，其中金属矿物透光性较差，呈现明显的消光现象。

分别选取两种玄武岩试样（B-1 和 B-2）和两种花岗岩试样（G-1 和 G-2），通过 X 射线衍射（XRD）分析各试样的矿物成分及含量（图 2. 2）。XDR 分析结果与基于光学显微镜的岩相学分析结果具有一致性，岩石试样中各矿物的具体含量如表 2. 1 中所列。

玄武岩结构构造

- 微晶结构、斑状结构、填间结构，块状构造

花岗岩结构构造

- 半自形粒状结构、文象结构块状构造

金属矿物

- 细小长柱状

图 2.1　玄武岩与花岗岩的结构构造特征

表 2.1　岩石试样的主要矿物成分含量　%

岩石	斜长石	石英	黑云母	金属矿物	橄榄石	辉石	钾长石
B-1	75.6	—	—	4.0	7.5	12.9	—
B-2	80.2	—	—	2.3	4.7	12.8	—
G-1	30.1	27.5	17.0	1.1	—	—	24.3
G-2	39.4	32.5	5.5	1.9	—	—	20.7

玄武岩的主要矿物组合为基性斜长石和辉石以及橄榄石，副矿物有磁铁矿和钛铁矿等，岩石矿物含量如图 2.2 所示。花岗岩主要由浅色矿物石英、碱性长石和酸性斜长石组成，三者含量 >80%，次要矿物有黑云母，副矿物是磁铁矿等。石英是花岗岩类必不可少的矿物，呈无色透明，他形粒状为主，浅成相的花岗斑岩中的石英斑晶可见自形晶（六方双锥）。黑云母是花岗岩中常见的暗色矿物，呈深褐色-浅黄色，多色性和吸收性明显。斜长石常具高温的特点，并普遍发育有钠长石律、肖钠长石律和卡钠复合律双晶。斑晶斜长石有时相互拼合构成聚合斑晶，偶见环带；有的斑晶中的斜 长石见熔蚀麻点结构（矿物受到不均匀熔蚀，在急速冷却条件下，形成较多玻璃质和磁铁矿麻点。除斜长石外，辉石也常见此结构）。辉石中，普通辉石为最常见，它既可呈斑晶，也可呈基质；斑晶中有时含有黑云母、磁铁矿和磷灰石微晶及玻璃质包体。橄榄石在斑晶和基质中均可出现，斑晶以富镁的贵橄榄石为主，基质为相对富铁的橄榄石。斑晶有时具环带，其外环比内环略富铁质[121]。

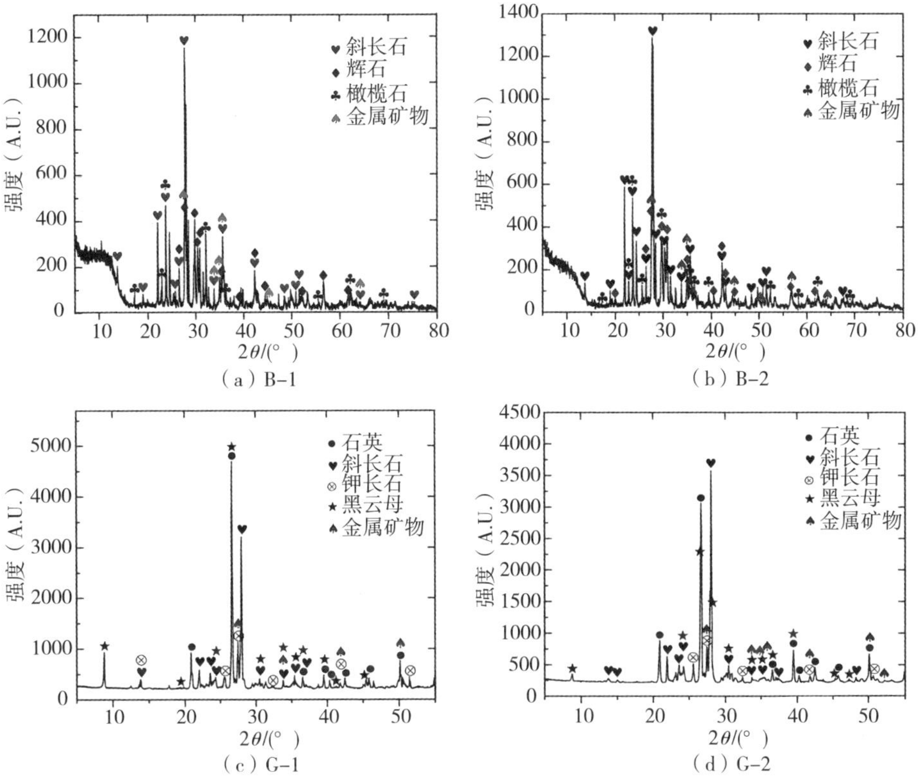

图 2.2　岩石试样矿物含量（B：玄武岩；G：花岗岩）

2.1.2　主要成岩矿物的介电性能及加热响应

针对单一均质矿物介电性能的测量可追溯到 1936 年[122]，基于 220 V，60 个循环周期的交流电，测试了 160 种矿物粉末的介电常数，为提高矿物粉末分选效率提供理论指导。Howell 和 Licastro[123] 首次对 23 种矿物块体，在 50 Hz 至 30 MHz 范围内测量介电常数，特别关注频散效应，并指出水含量对介电特性的重要影响。通过文献调研总结得到花岗岩与玄武岩试样中主要矿物成分的介电性能参数如表 2.2 所列。

在我们所研究的微波频率下（2.45 GHz），大多数矿物如斜长石、钾长石、橄榄石和辉石的介电性能相差较小，介电常数的范围为 5.49~7.03，损

表 2.2 岩石试样中主要矿物成分的介电性能参数

矿物	频率/GHz	测试方法	介电常数	损耗因子	文献
斜长石	2.45	短路波导	6.01±0.14	0.090±0.042	[124]
	9.37	谐振腔	6.56	0.321	[125]
	2.45	谐振腔	5.62±0.13	0.039±0.0036	[12]
钾长石	9.37	谐振腔	4.75	0.044	[125]
	2.45	谐振腔	5.55±0.06	0.118±0.0061	[12]
	2.45	谐振腔	2.55	0.02	[12]
石英	2.45	同轴探针	2.82	0.02	[126]
	9.37	谐振腔	4.30	0.0026	[125]
	2.45	谐振腔	4.72±0.09	0.014±0.0011	[12]
橄榄石	9.37	谐振腔法	8.05	0.058	[125]
	2.45	谐振腔法	6.26±0.25	0.006±0.0007	[12]
辉石	2.45	短路波导法	7.18±0.04	0.17±0.01	[124]
	9.37	谐振腔法	7.91	0.451	[125]
	2.45	谐振腔法	6.80±0.23	0.182±0.0142	[12]
黑云母	2.45	谐振腔法	7.48±0.38	0.456±0.0424	[12]
磁铁矿	2.45	短路波导法	61.9±9.3	10.7±1.1	[124]
	2.45	同轴探针法	14.50	2.50	[127]
	2.45	谐振腔法	47.57±1.52	1.870±0.1352	[12]
钛铁矿	2.45	短路波导法	23.6±0.8	11.2±0.4	[124]
	2.45	同轴探针法	3.75	0.24	[127]
	9.37	谐振腔法	54.30	32.58	[125]

耗因子的范围为0.006~0.196；石英的介电性能与以上矿物相比较弱，其介电常数的范围为2.82~4.81，损耗因子的范围为0.013~0.02；黑云母的介电性能与大多数矿物相比较强，而金属矿物如磁铁矿和钛铁矿介电常数与损耗因子均远大于其他矿物（介电常数：3.75~71.2；损耗因子：0.24~11.6），属于微波强损耗介质。

在矿物介电性能研究基础上，将主要成岩矿物区分为：微波弱损耗介质（石英）；一般损耗介质（斜长石、钾长石、辉石、橄榄石）；较强损耗介质

（黑云母）和极强损耗介质（金属氧化物矿物如磁铁矿和钛铁矿）。之后分别对这些矿物进行微波加热试验研究，并对其微波加热特性进行分析，采用的微波功率为 2~5 kW，间隔 1 kW。在正式进行加热试验前，进行了一系列的预试验，最终基于预试验结果设定微波加热时间为 200 s。

研究中分别采用平均升温速率 η（℃/s）和能量耗散效率 η'（%）来研究岩石和矿物的微波加热特性：

$$\eta = \Delta T / \Delta t \tag{2.1}$$

$$\eta' = mC_p \Delta T / ME \tag{2.2}$$

式中，ΔT（℃）为温度升高量，Δt（s）为加热时长，m（kg）和 C_p（J/(kg·K)）为矿物质量和比热容，ME（kJ）为输入微波能量。

石英的微波加热特性如图 2.3 所示，随着照射时间的增加，石英表面温度基本呈线性增长，且增长缓慢。当照射功率为 2~3 kW 时，平均升温速率不超过 0.1 ℃/s；功率增加至 4~5 kW 时，平均升温速率不超过 0.3 ℃/s。

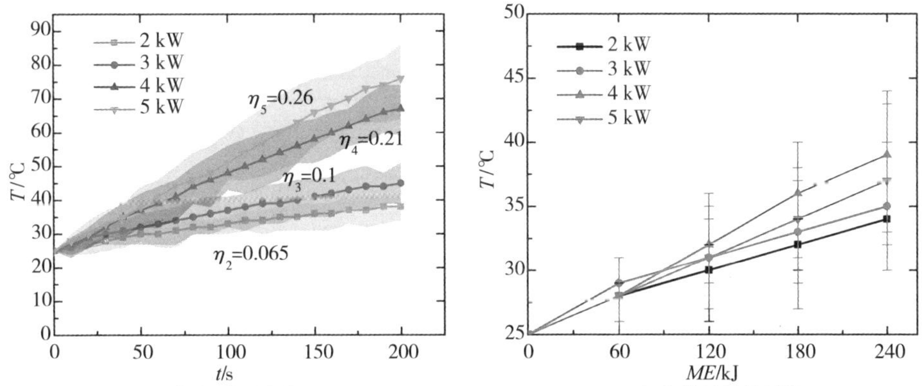

（a）升温速率　　（b）微波能量耗散

图 2.3　石英的微波加热响应特征

相同微波能量 ME 输入下，功率不同时，石英耗散微波能量转换为热量释放，使其表面温度升高的效率也存在差别。经测量，石英的质量为 0.025 kg，比热容为 720 J/(kg·K)，当 $ME \leqslant 120$ kJ 时，各功率下微波能量耗散效率差别较小；当 ME 为 120~180 kJ 时，各功率下的平均微波能量耗散效率分别为

2 kW、3 kW：0.054%，4 kW：0.126%，5 kW：0.09%。此微波能量输入范围下，4 kW 时的能量耗散效率略高于 5 kW，可能受试样纯度差别等因素影响。当 *ME* 为 180~240 kJ 时，4 kW 和 5 kW 功率对应的平均能量耗散效率相同（0.09%）且大于 2 kW 和 3 kW 时的能量耗散效率（0.054%）。

一般矿物在微波照射下的升温速率如图 2.4 所示。这些矿物在微波照射下没有直观的物理变化，矿物试样表面温度随着照射时间的增加持续升高，升温速率随照射功率提高而增大。

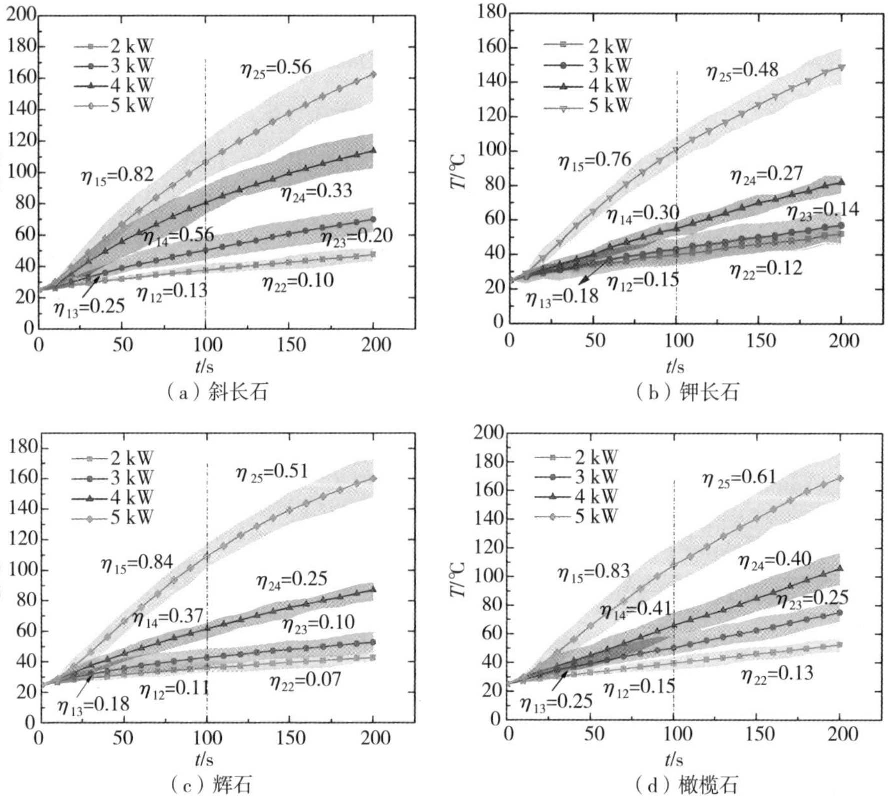

（a）斜长石　（b）钾长石

（c）辉石　（d）橄榄石

图 2.4　一般损耗矿物的微波加热升温速率

分别计算前 100 s 和后 100 s 的平均升温速率，在 0~100 s 的照射过程中，各功率下一般的矿物的平均升温速率分别为 η_{12} = 0.11 ~ 0.15 ℃/s，η_{13} = 0.18 ~ 0.25 ℃/s，η_{14} = 0.30 ~ 0.56 ℃/s，η_{15} = 0.76 ~ 0.84 ℃/s。而经过 100~200 s

加热之后，平均升温速率分别下降至 η_{22} = 0.07 ~ 0.13 ℃/s，η_{23} = 0.10 ~ 0.25 ℃/s，η_{24} = 0.25 ~ 0.40 ℃/s，η_{25} = 0.48 ~ 0.61 ℃/s。可见随着照射时间的增加，升温速率逐渐下降，且功率越大，升温速率下降的幅度也越大。

一般矿物的微波能量耗散效率如图 2.5 所示。与石英相比，微波功率对一般矿物能量耗散效率的影响在 ME > 60 kJ 时变得明显，然而在 ME 为 60~120 kJ 时，2~4 kW 时的能量耗散效率比较接近且小于 5 kW 时的能量耗散效率。当 ME > 120 kJ 时，各矿物能量耗散效率随着功率的增加而增加。此外，各功率下钾长石的能量耗散效率与其他矿物相比都偏低，且只有当功率增加至 5 kW 时，能量耗散效率才有明显提升。

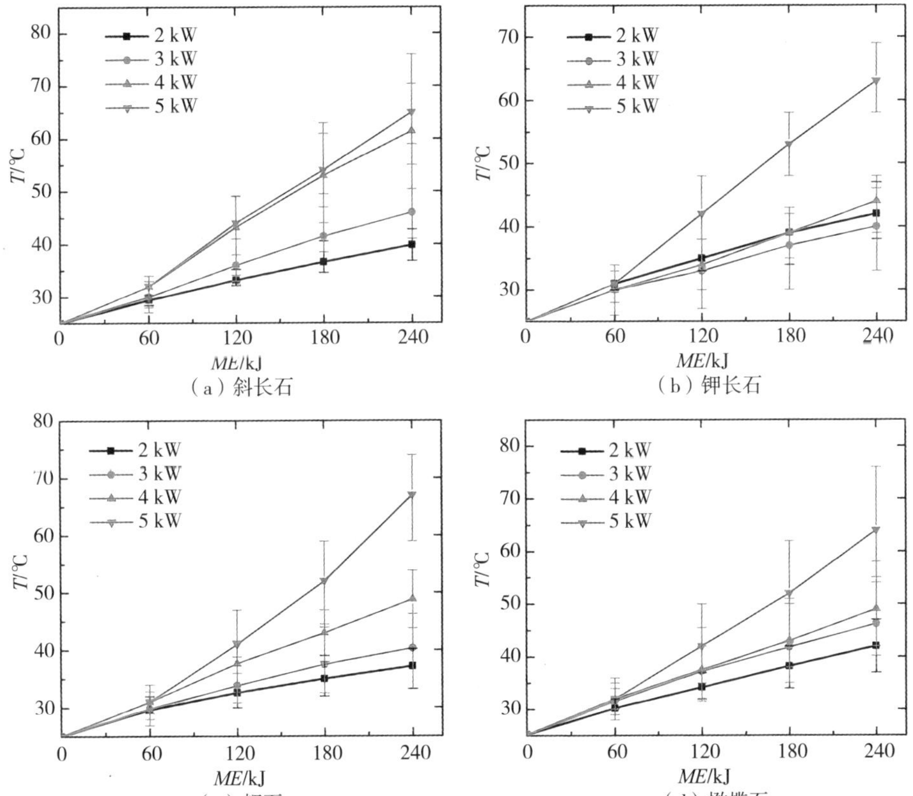

(a) 斜长石　(b) 钾长石　(c) 辉石　(d) 橄榄石

图 2.5　一般损耗矿物的能量耗散效率

黑云母的微波加热响应特征如图 2.6 所示。黑云母的表面温度随着照射时间增加持续增加，升温速率随着功率的提高而增大。当照射功率为 2 kW 和 3 kW 时，黑云母在前 100 s 和后 100 s 的升温速率相似，且在第二个时间段的升温速率相比第一个时间段有较小幅度的升高；当功率提升至 4 kW 时，黑云母在第一个时间段的升温速率明显提高，且明显大于其在第二个时间段的升温速率。这是因为随着温度升高，黑云母的物理性能发生改变，从而影响其后续的升温规律。

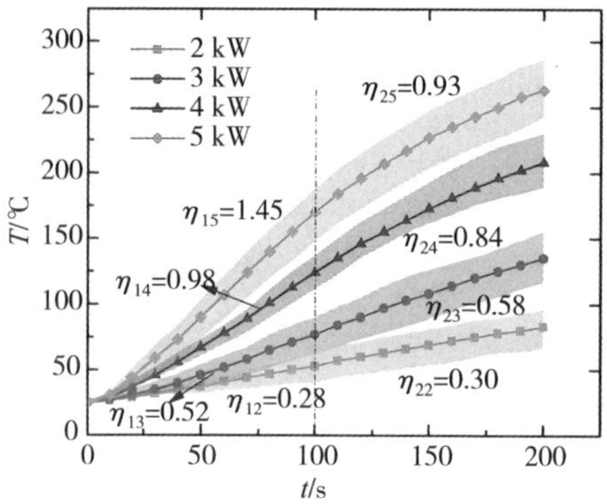

（a）升温速率

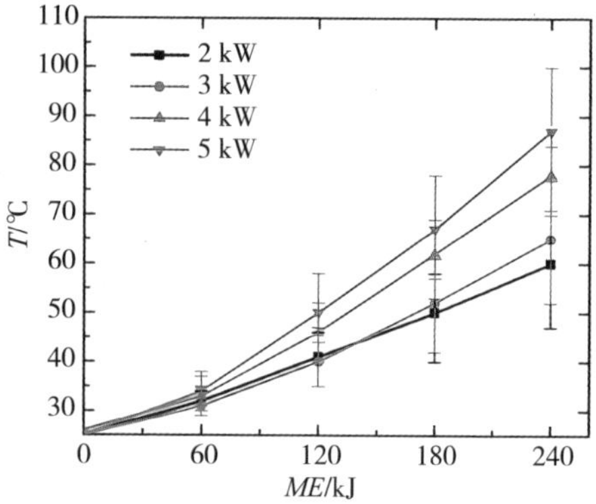

（b）微波能量耗散

（c）微波加热过程中的热膨胀变形

图 2.6 黑云母的微波加热响应特征

当微波能量输入 $ME \leqslant 180$ kJ 时，微波功率由 2 kW 增加至 3 kW 对黑云母的能量耗散效率基本无影响。黑云母试样质量为 0.025 kg，比热容为 720 J/(kg · K)，当 ME 为 180~240 kJ 时，各功率下的能量耗散效率分别为 2 kW：

0.306%，3 kW：0.396%，4 kW：0.486%，5 kW：0.594%。可见相同微波能量输入下，黑云母的能量耗散效率明显大于其他矿物的能量耗散效率。此外，当能量输入 *ME* 为 60~240 kJ 时，其他矿物的温度升高随能量输入增加呈线性增加，即相同能量增量情况下，对应的温度升高保持一致，而黑云母的温度随着能量输入增加加速升高。除了表面温度持续升高之外，部分黑云母在微波加热过程中发生明显的体积膨胀，这是因为黑云母膨胀系数较大，微波照射下矿物温度迅速升高，导致其热膨胀变形明显。

极强损耗介质矿物如磁铁矿和钛铁矿，相同微波功率照射下，其表面温度急剧升高，且在 4 kW、5 kW 功率下发生熔融（图 2.7）。当微波功率为 2 kW 时，磁铁矿在第二个时间段的升温速率相比于第一个时间段降低较小（0.65 ℃/s）；而钛铁矿在 0~100 s 的加热速率是其在 100~200 s 的 3.5 倍。微波功率为 3 kW 时，磁铁矿在 0~100 s 的升温速率明显提高，是其在 100~200 s 的 2.24 倍。钛铁矿在 0~100 s 的升温速率是其在 100~200 s 的 6.13 倍。微波功率为 4 kW、5 kW 时，磁铁矿在两个时间段的升温速率关系分别为：$\eta_{14} = 2.04\eta_{24}$，$\eta_{14} = 2.15\eta_{24}$；钛铁矿在两个时间段的升温速率关系分别为：$\eta_{14} = 8.31\eta_{24}$，$\eta_{14} = 3.82\eta_{24}$。由此可见，磁铁矿和钛铁矿在第二个时间段的升温速率呈现出明显的不稳定性。这是因为，磁铁矿和钛铁矿在前一个时间段升温速率较大，很快达到较高的温度（400 ℃以上），其介电性能和热物理性质受到影响，从而导致加热后期升温速率的不稳定性。

磁铁矿和钛铁矿的微波能量耗散效率如图 2.8 所示。对于磁铁矿来说，当微波输入能量小于 120 kJ 时，矿物在 5 kW 时的表面温度小于其在 4 kW 时的表面温度；当微波能量输入大于 120 kJ 时，磁铁矿的表面温度随着微波照射功率的提高而升高。对于钛铁矿，当微波输入能量小于 120 kJ 时，其在 2 kW 时的表面温度和其在 5 kW 时的表面温度几乎相同，且在 4 kW 时的表面温度最低；当输入能量大于 120 kJ 时，钛铁矿在 2 kW 时的表面温度增加较小，而其在 5 kW 时的表面温度依然最大；当输入能量达到 180 kJ 时，钛铁矿的表面温度随着功率的提高而增大。

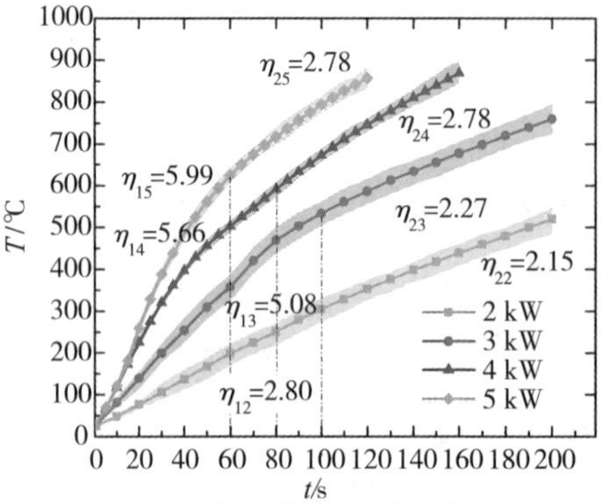

（a）磁铁矿升温速率

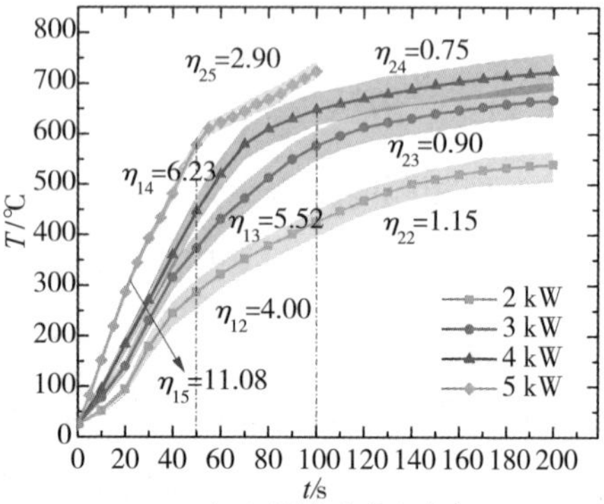

（b）钛铁矿升温速率

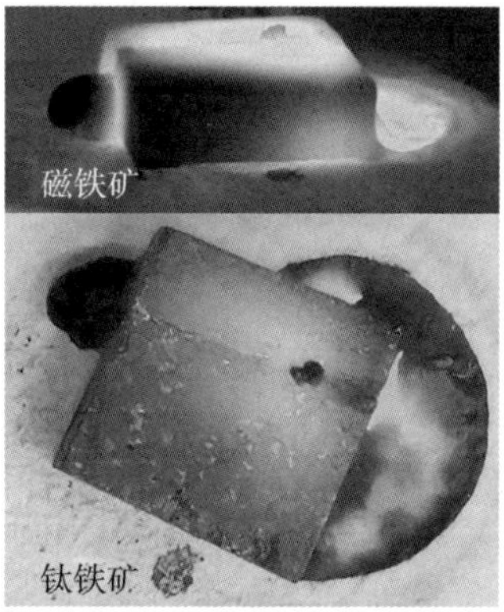

（c）微波加热矿物熔融

图 2.7　金属氧化物矿物的微波加热响应特征

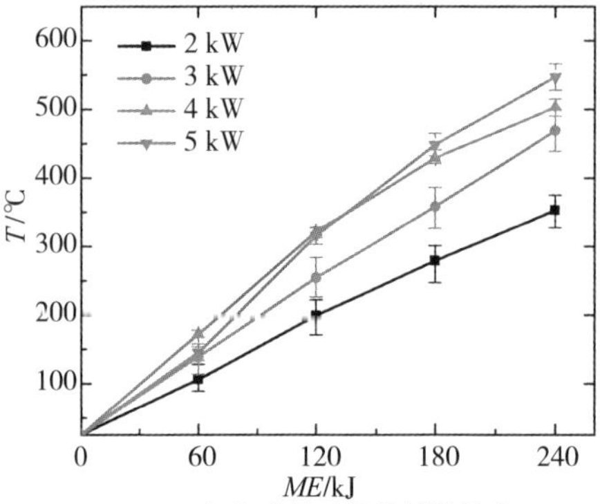

（a）磁铁矿能量耗散效率

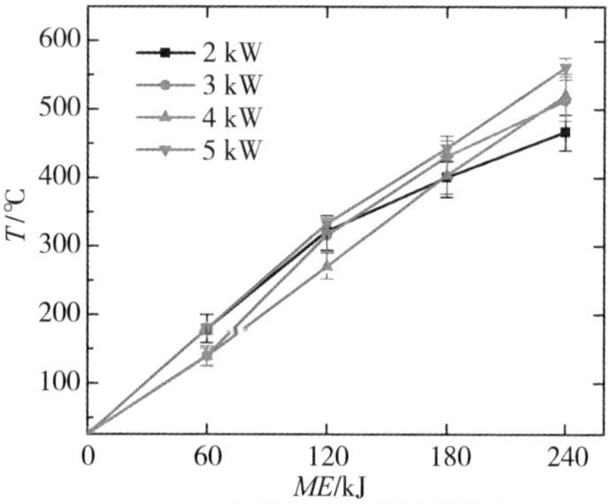

（b）钛铁矿能量耗散效率

图 2.8　金属氧化物矿物的能量耗散效率

2.1.3　岩石试样的介电性能及加热响应

基于所研究的频率范围及材料的类型选择合适的介电性能测试方法，可保证测试结果的准确性。材料介电性能测试方法主要包括共轴线传输法、谐振腔法、自由空间法、开口波导法和时间域反射法[128-130]。其中，共轴线传输法通过同轴电缆传输微波信号，测量反射/透射系数（S 参数），适合粉末或小块体样品，其优点是精度高，但对样品形状有要求；谐振腔法通过将待测样品放入谐振腔内，分析谐振频率与 Q 值变化，该方法灵敏度较高，但适合小尺寸的样品；自由空间法使用天线在空气中发射和接收微波，测量穿过样品的反射与透射波，不需要接触试样即可测试较大尺寸样品，但对样品表面平整度要求较高；开口波导法通过波导管口接触样品表面，测量反射系数，测量过程中材料仅表面响应，测试结果代表性有限；时间域反射法发射短脉冲并测量反射信号的延迟与衰减，具有简单、便于现场应用的优势，但是分辨率低于频域法。

在微波频率下，测量有损材料复介电常数的最常用、最方便的技术之一是同轴传感器，也称为同轴探头、同轴线探头或开口同轴线，它与测量复反射系数的反射仪、矢量网络分析仪配合使用，计算得到材料的介电常数和损耗因子。开口同轴传感器设计（如图 2.9 所示）非常适合测量液体、凝胶和固体材料，这些材料具有足够的延展性，可以与传感器表面完美接触，不留任何气隙。它们在需要非侵入式测量时尤为重要。

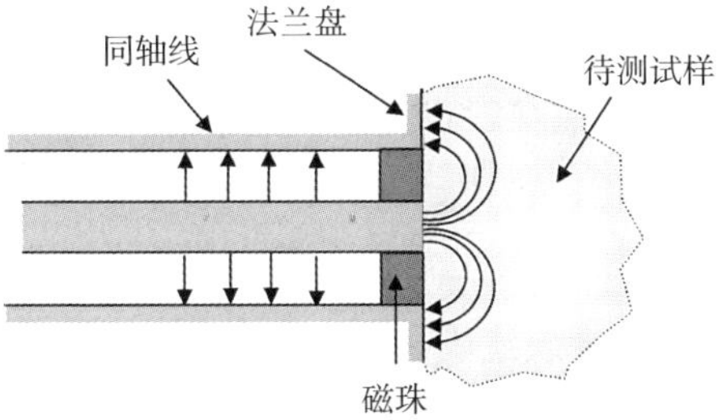

图 2.9　开口同轴传感器设计原理[129]

电介质插件（通常称为磁珠）位于传感器的末端，以防止液体进入。磁珠通常由具有低介电常数、良好耐化学性和热稳定性的聚合物（如聚苯乙烯）制成，但在进行高温测量时，也会使用熔点较高的电介质（如玻璃）。

岩石试样结构构造复杂，分别对三种花岗岩试样进行介电性能测试实验，探讨矿物组构对岩石介电性能的影响规律，针对岩石试样采用开口同轴传感器配合矢量网络分析仪的方法测量其复介电常数，设备如图 2.10 所示。

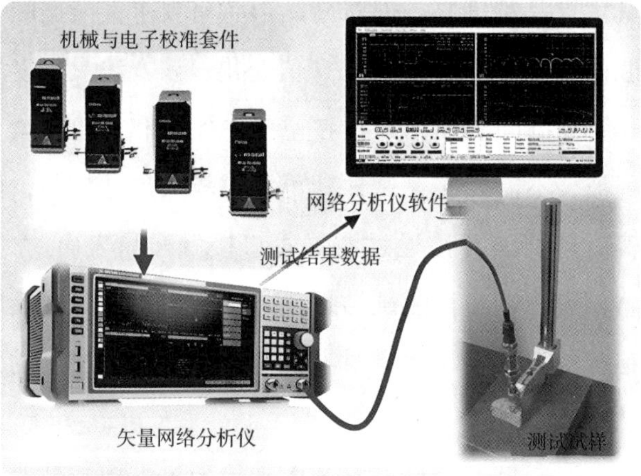

图 2.10　岩石试样介电性能测试设备

微波频率为 2.45 GHz 下，三种花岗岩试样的介电性能参数及与主要成岩矿物介电性能参数范围对比结果如图 2.11 所示。在矿物组构的影响下，G-3 的介电常数最大，即微波吸收能力最大；G-1 和 G-2 的介电常数相似，两者的微波吸收能力也接近。G-1 和 G-3 的损耗因子接近，即耗散吸收的微波能量并将其转化为热量的能力相差较小；G-2 的损耗因子最小，耗散吸收的微波能量的能力最弱。基于以上分析，可以定性判断三种岩石试样中，G-3 的介电耗散性能最优。

为了定量研究矿物组分的介电性能及其含量对岩石介电性能的影响规律，选取已测得的各矿物介电参数范围内的中值作为该成岩矿物的介电参数。基于等效介质理论[131]，岩石与各项矿物组分之间介电性能的关系可以用式（2.3）进行描述。

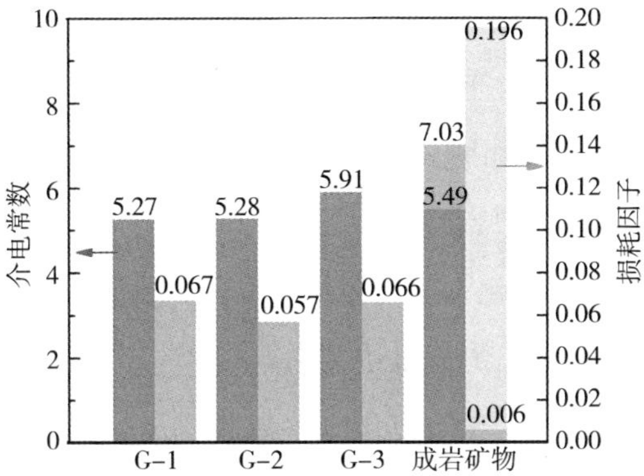

图 2.11　花岗岩试样介电性能及其与一般成岩矿物介电性能对比

$$\varepsilon_{\mathrm{m}} = M \sum_{i=1}^{N} \theta_i \varepsilon_i \tag{2.3}$$

式中，ε_{m} 为岩石的介电性能参数（包括介电常数 ε' 和损耗因子 ε''）；M 为考虑岩石结构构造特征影响的修正系数（各试样的修正系数取值见表 2.3）；θ_i 和 ε_i 分别为第 i 相矿物的体积分数和介电性能参数。

表 2.3　岩石-成岩矿物介电性能理论关系模型中 M 取值

修正系数	G-1	G-2	G-3
$M(\varepsilon')$	0.86	0.86	0.88
$M(\varepsilon'')$	0.33	0.28	0.24

花岗岩试样 G-3 中，黑云母的含量为 31%，远高于其他两种岩石试样（G-1：17.0%；G-2：5.5%），且介电性能最弱的石英矿物含量最少为 14.5%，因此其介电性能最优。金属氧化物矿物的介电参数均远大于其他矿物，虽然其在岩石中的含量少于 2%，对于岩石介电性能影响仍然显著。

在微波电磁波穿透岩石的过程中，电磁波由于矿物颗粒间的反射和吸收作用发生漫散射，改变电场强度分布规律，进而影响微波能量吸收。因此矿物结构也会对岩石介电性能产生影响。此外，岩石中分布着初始孔隙和裂纹，这些初始缺陷也会影响微波电磁波在岩石中传播吸收。岩石的矿物结构及初始缺陷分布随机，不同花岗岩试样的介电性能理论计算模型中，修正系数 M

存在轻微区别。且基于修正系数值的大小可以看出，岩石矿物结构及初始缺陷分布对损耗因子的影响大于其对介电常数的影响。

保持 G-3 试样中石英和黑云母的矿物含量不变，增加金属矿物含量，研究金属矿物含量与其他一般矿物含量之间的比例对岩石介电性能的影响，如图 2.12 所示。随着金属氧化物矿物含量的增加，岩石介电常数及损耗因子呈线性增长。当金属氧化物矿物含量达到 2.3%时，其介电常数及损耗因子分别为 6.13 和 0.078，与 G-3 岩石的介电参数相比分别增长了 3.7%和 18.2%。而当金属氧化物矿物含量达到 4.0%时，相应的介电参数分别为 6.63 和 0.104，相比 G-3 岩石的介电参数增量达 12.2%和 57.6%。由此可见，金属氧化物矿物含量增加可以使岩石介电参数显著增大，且损耗因子的增幅大于介电常数的增幅。

假设玄武岩的矿物结构及初始缺陷对其介电性能的影响同 G-3 试样，则可得到 B-1 及 B-2 试样的介电常数分别为 6.61 和 6.14，均高于 G-3 试样的介电常数；相应的损耗因子分别为 0.08 和 0.056，B-1 试样的损耗因子高于 G-3 试样，B-2 试样的损耗因子略低于 G-3 试样。

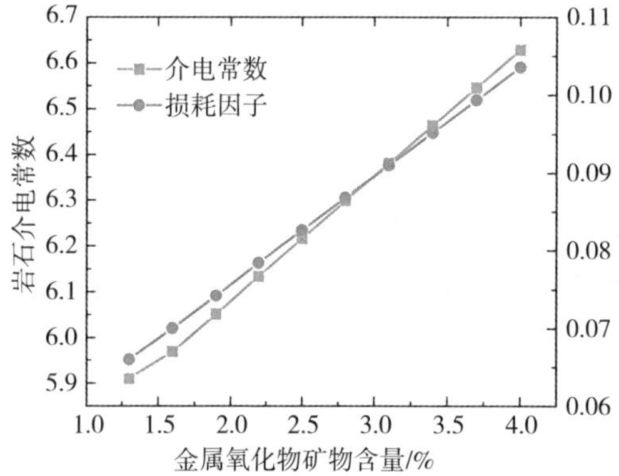

图 2.12　金属氧化物矿物含量对岩石介电性能影响规律

玄武岩微波加热的预试验结果表明，试样在微波照射过程中会发生崩裂和熔融，且各功率试样破坏的时间具有随机性，因此对玄武岩试样 B-1 设置微波功率为 2~5 kW，各功率下当试样发生崩裂时停止加热。由于 4 kW 和 5 kW 功率下玄武岩试样在较短时间发生破坏或熔融，进一步将功率分别设置为 2 kW 和 3 kW，对玄武岩试样 B-2 进行微波加热特性研究。

玄武岩的微波加热响应特征如图 2. 13 所示。试样发生宏观断裂之前，其表面温度随着照射时间的增加持续升高，且功率越大，升温速率越快。根据各功率下的照射总时间将加热过程分为两个阶段，第一阶段的升温速率随照射功率的变化呈现波动性，在第二阶段，升温速率随照射功率的增加而增加，关闭微波电源后，试样表面的温度仍有小幅度上升。这是因为，在微波加热过程中，有矿物被剧烈加热，与周围矿物形成巨大的温度梯度，结束微波加热后，依然有热量从高温矿物向低温矿物传递，导致整个岩石表面温度的持续升高。

微波能量输入小于 120 kJ 时，B-1 试样的表面温度在各功率下相差较小，且 3 kW 对应的岩石表面温度最低。采用的玄武岩试样的质量为 0. 062 kg，比热容为 900 J/（kg · K）。根据式（2. 2），微波能量输入 *ME* 在 120~180 kJ 时，各功率对应的平均能量耗散效率分别为 2 kW：2. 69%，3 kW：3. 52%，4 kW：3. 63%，5 kW：6. 31%，*ME* 为 180~240 kJ 时，各功率下的能量耗散效率变为 2 kW：3. 52%，3 kW、4 kW：4. 91%。可见在微波能量输入由 120 kJ 增加至 240 kJ 的过程中，岩石试样的微波能量耗散效率也在增加。此外，当微波能量输入超过 120 kJ 时，能量耗散效率才随功率的增加稳定提升，这与矿物的能量耗散规律具有一致性。

微波加热后玄武岩试样在不同功率下的断裂形态如图 2. 13 所示。2 kW 功率照射下，试样在 170 s 时发生断裂，虽然各断裂部分完全分离，但整体仍可保持原来的形状；3 kW 时，试样在 80 s 时发生崩裂，碎块散落，断裂面周围有碎屑；功率增加至 4 kW 时，大约 60 s 时试样出现宏观裂纹，继续加热之后试样内部温度达到了火山玻璃杂质的熔点，熔融物沿宏观裂纹析出试样表面，冷却后形成玻璃质结晶；照射功率为 5 kW 时，试样大约在 45 s 时发生崩裂，相比 3 kW 时破碎程度加深，表现为碎块数量增多，尺寸减小。

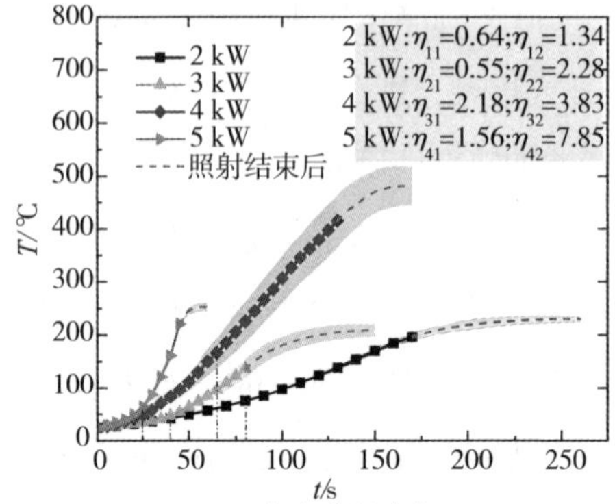

（a）升温速率

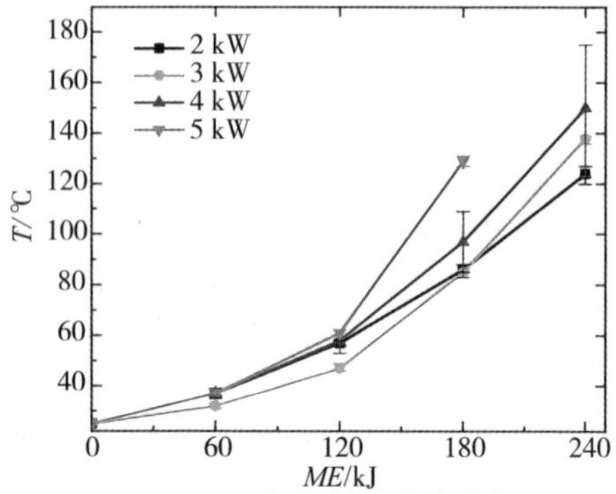

（b）微波能量耗散效率

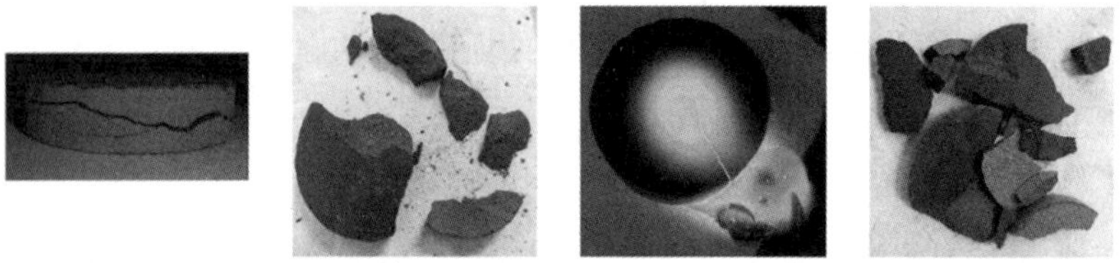
2 kW，170s　3 kW，80s　4 kW，130s　5 kW，45s

（c）断裂及熔融现象

图 2.13　玄武岩试样（B-1）的微波加热响应特征

对于玄武岩 B-2 试样，其升温速率及能量耗散效率变化与微波照射参数之间的关系如图 2.14 所示。微波功率为 2 kW 时，照射过程持续时间较长，为了更加细致地研究其升温速率的变化，将加热过程分为三个阶段（第一阶段：0~80 s；第二阶段：80~160 s；第三阶段：160~240 s），可以发现试样升温速率在第二阶段达到最大，之后逐渐下降，且第三个阶段的升温速率小于第一个阶段的升温速率。微波功率为 3 kW 时，升温速率随着照射时间的增加而增加。试样 B-2 结束微波照射后，与试样 B-1 结束微波照射后的情况相似，其表面温度仍有小幅度上升，之后才逐渐下降，试样发生冷却。

微波能量输入 $ME<240$ kJ 时，2 kW 和 3 kW 的微波功率差别对试样 B-2 的能量耗散效率影响较小，且 3 kW 时的能量耗散效率略低于 2 kW 时的能量耗散效率。当微波能量输入 *ME* 分别为 240~300 kJ 和 300~360 kJ 时，2 kW 对应的能量耗散效率分别为 2.23%和 2.06%；3 kW 对应的能量耗散效率分别为 3.63%和 4.07%，可见在此能量输入范围内，2 kW 时的能量耗散效率随能

量输入轻微减小，而 3 kW 时的能量耗散效率逐渐增加。

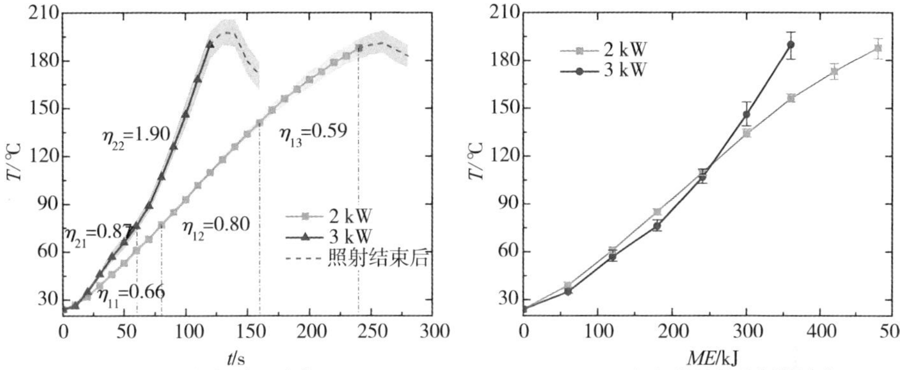

（a）升温速率　　（b）微波能量耗散效率

图 2.14　玄武岩试样（B-2）的微波加热响应特征

通过对比试样 B-1 和 B-2 的微波加热特征可以发现，相同功率下两者的断裂破坏时间存在明显区别，且在 2 kW 功率照射下，两者的升温规律也存在区别，其中试样 B-1 升温速率持续增加，而试样 B-2 呈现出先增加后减小的趋势。此外，虽然两者的能量耗散效率随功率稳定增加都存在一个特定的阈值，两者的阈值也存在差异，且 B-2 的能量阈值要高于 B-1 的能量阈值。

试样 B-2 在 2 kW 微波加热下，240 s 时发生宏观断裂破坏，破坏后的试样整体仍能维持原状，局部碎块脱离母体试样；功率增加至 3 kW 时，试样在 120 s 时发生崩裂，原试样碎裂为不同尺寸的小碎块，碎块周围也有碎屑。试样 B-2 在微波加热后的断裂破坏特征与试样 B-1 具有一致性。

预试验研究结果表明花岗岩试样在 2 kW 及 3 kW 功率下的升温速率较慢，且两个功率条件下升温速率的差别较小，当功率提高至 4 kW 时，升温速率显著提升。因此，为了更好地体现花岗岩在微波照射下的升温规律，对三种花岗岩试样均采用 4 kW 功率进行微波加热试验研究，为了对加热后的试样继续进行断裂韧度测试，避免花岗岩试样出现宏观断裂，设定微波照射时间为 300 s。

不同花岗岩试样的升温速率及能量耗散规律如图 2.15 所示。将微波加热过程分为三个阶段，每个阶段持续时长 100 s，三种花岗岩试样在每个阶段的平均升温速率随着照射时间的增加而增加。其中试样 G-1 和 G-2 在 0~100 s 和 100~200 s 时升温速率相近，然而在 200~300 s 时，G-2 的升温速率明显增加。G-3 在各阶段的升温速率均远大于其他试样的升温速率。

采用的花岗岩试样的质量为 0.025 kg，比热容为 850 J/（kg·K）。微波能量输入小于 600 kJ 时，试样 G-1 和 G-2 的能量耗散效率基本相同，当微波能量输入 *ME* 分别为 600~800 kJ，800~1000 kJ 及 1000~1200 kJ 时，试样 G-1 的能量耗散效率为：0.085%，0.11%，0.13%，可见随着微波能量输入的增加，其微波损耗效率也在提高。试样 G-2 和 G-3 的微波损耗效率也随着微波能量输入增加而提高。

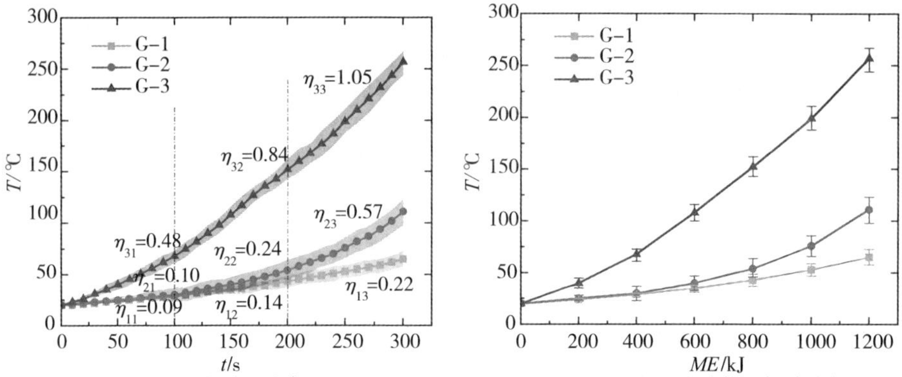

（a）升温速率　　（b）微波能量耗散效率

图 2.15　花岗岩试样的微波加热响应特征

花岗岩试样在微波加热过程中，未出现明显的宏观断裂现象。微波加热前，试样 G-1 和 G-2 的表面颜色相比 G-3 更浅，微波加热后，G-1 和 G-2 表面颜色明显变黄，而 G-3 的表面颜色未发生明显变化。可能的原因是花岗岩中的某些矿物发生氧化反应，导致原本浅色表面的试样 G-1 和 G-2 变黄，由于 G-3 原本的表面颜色较深，所以影响较小，颜色无明显变化。

玄武岩中大部分矿物成分都为微波一般损耗介质，在微波电磁场中随着照射时间的增加，其表面温度平稳升高，由于升温速率相对缓慢，矿物的物理、力学性质基本保持稳定。此外，对于微波极强损耗介质矿物，即钛磁铁矿，虽然玄武岩中含量较少，也会使岩石的微波加热特性发生明显改变。

基于矿物成分及其介电性能和微波加热特性，花岗岩中的矿物组成相比玄武岩较复杂，包含了不同程度损耗介质矿物，除极强损耗介质金属氧化物矿物之外，较强损耗介质矿物黑云母对岩石的微波加热特性也有较大影响。因此通过对比研究岩石中黑云母及金属氧化物矿物含量及其微波能量耗散效率（图 2.16），来探讨矿物组成对岩石微波加热特性的影响。

通过微波能量输入 *ME* 为 80~240 kJ 范围内岩石的能量耗散效率变化规律可知，只有试样 B-1 的能量耗散效率随着微波能量的输入持续升高，且微波功率越大，相同微波能量输入下，B-1 的能量耗散效率越大。此外，随着微波输入能量的增加，微波功率对 B-1 的能量耗散效率影响趋于减小。

其他岩石试样（B-2，G-1，G-2，G-3）的金属氧化物矿物含量较少，微波能量耗散效率随着微波能量的持续输入而减少。其中，玄武岩试样 B-2 中金属氧化物矿物含量相对较多，且没有弱损耗矿物石英，微波能量耗散效率明显大于花岗岩试样。花岗岩试样中金属氧化物矿物含量相差较小，试样 G-3 中黑云母含量远大于试样 G-1 和 G-2 中的含量，相应的能量耗散效率明显高于其他两种试样。G-1 和 G-2 中金属氧化物矿物和黑云母的含量相差较小，因此相应的能量耗散效率也基本相同。

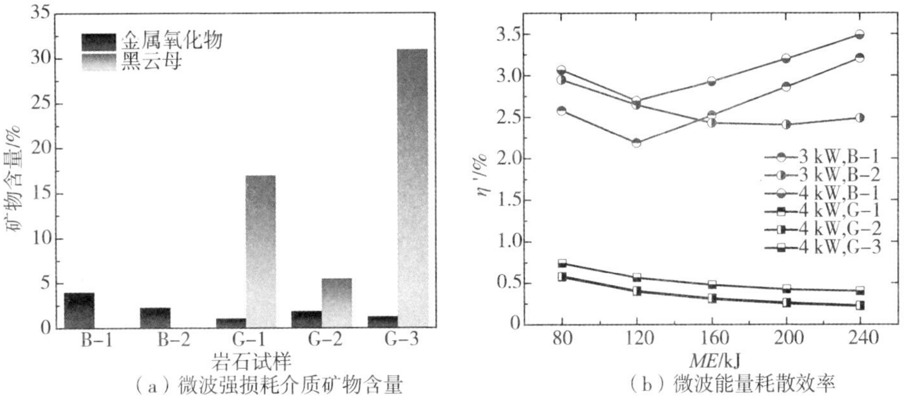

（a）微波强损耗介质矿物含量　　（b）微波能量耗散效率

图 2.16　岩石矿物组构对其微波能量耗散效率的影响

综上，对于所研究的岩石试样，由于受矿物成分的微波耗散性能影响，玄武岩的微波能量耗散效率明显高于花岗岩的能量耗散效率。当玄武岩中的微波强损耗介质如金属氧化物矿物的含量达到一定量时（≥ 4%），其能量耗散效率随着微波能量的输入增加而增大，且功率越高，能量耗散效率随之增大。花岗岩的能量耗散效率随着微波能量的输入而逐渐降低；受金属氧化物矿物含量和黑云母含量的协同影响，当金属氧化物矿物含量相差不大时，黑云母含量达到一定量时（≥ 31%），其能量耗散效率显著提升。

2.2 微波加热复合矿物岩石模型建立

2.2.1 模型构型

影响岩石微波加热响应特征的矿物组分主要是强损耗介质矿物和弱损耗介质矿物，因此可以建立强-弱损耗介质复合矿物岩石模型进一步研究岩石在微波照射下的非均匀温度场及应力场的时空演化规律。考虑模型形状对研究结果的影响，分别建立如图 2.17 所示的两种复合矿物岩石模型，微波能量作用下，强、弱损耗介质矿物温度场分别为 $\boldsymbol{T}_1$，$\boldsymbol{T}_2$，两矿物间的热流密度为 $\boldsymbol{q}$。

静态物体（固体、静止流体）由于区域间的温度差异而引起热（能）的流动称为热传导，物体内的热流不能直接测量，但热流的效应是使物体上各区域的热能量重新分配，表现为温度场的改变[132,133]。傅里叶（Fourier）定律将热流量与可测量的温度联系在一起，表示为：

$$\boldsymbol{q}(r,\ t) = -\lambda\ \nabla T(r,\ t) \tag{2.4}$$

式中，r（mm）为模型半径；λ［W/（m · K）］为材料的导热系数。对于图 2.17 中所示的圆柱模型，其厚度较小，沿厚度方向的能量耗散可忽略，即只沿半径方向产生温度梯度。

各矿物在微波加热过程中，温度升高的同时会发生热膨胀变形，由于矿物颗粒界面处的约束，限制了热膨胀变形的发展，于是导致热应力。与均匀

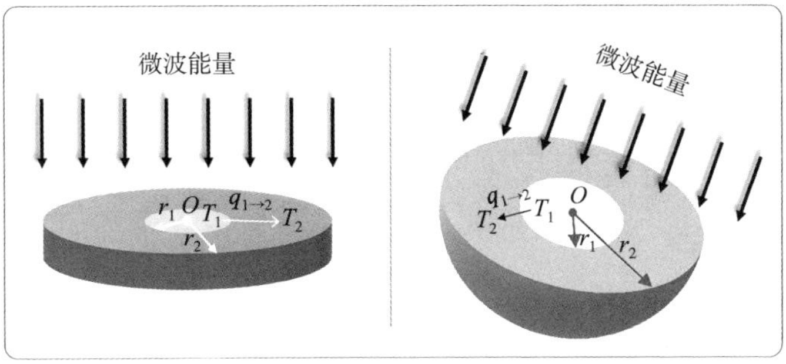

图 2.17　微波加热岩石理论模型构型

加热情况相比，微波加热引起强、弱损耗介质矿物之间形成巨大的温度梯度，产生较高热应力的同时，应力累积速率也在极速增加。因此，在粗骨料回收过程中，未被废弃砂浆吸收微波对回收目标粗骨料产生的损伤不可轻视。

2.2.2　控制方程及边界条件

根据德拜理论，极性分子在极化弛豫过程中的弛豫时间 t' 与外加交变电磁场极性改变的圆频率 ω 有关，在微波频段时有 $\omega t' \simeq 1$ 的结果。对于我们所研究的 2.45 GHz 频率的微波来说，得到约为 $10^{-11} \sim 10^{-10}$ s 数量级[134]，因此微波能在物料内转化为热能的过程具有即时特征，即对于所建立的复合矿物模型，强损耗介质矿物损耗微波能量产生热量是一个瞬时过程，而热量由强损耗介质矿物传递到弱损耗介质矿物则是缓慢的，在这两个过程显著时间差的作用下，可忽略热传导对强损耗介质矿物温度场的影响，热传导主要对低损耗介质矿物温度场产生影响。

热传导控制方程为：

$$\frac{\partial^2 T(r,\ t)}{\partial r^2} + \frac{p}{r}\frac{\partial T(r,\ t)}{\partial r} = \frac{1}{\kappa}\frac{\partial T(r,\ t)}{\partial t} \tag{2.5}$$

式中，p 为形状参数（圆柱：$p=1$；球体：$p=2$）；κ（m^2/s）为热扩散系数。为了避免运算过程中物理量的量纲影响[135]，将式（2.5）变换为无量纲形式：

$$\frac{\partial^2 \Theta(R,\ \tau)}{\partial R^2} + \frac{p}{R}\frac{\partial \Theta(R,\ \tau)}{\partial R} = \frac{1}{K}\frac{\partial \Theta(R,\ \tau)}{\partial \tau} \tag{2.6}$$

各物理量的转换方程如下：

$$\Theta(R,\ \tau) = T(r,\ t)\ /T_{\mathrm{m}}$$

$$R = r/r_{\mathrm{m}}$$

$$R_1 = r_1/r_{\mathrm{m}}$$

$$R_2 = r_2/r_{\mathrm{m}}$$

$$\tau = t/t_{\mathrm{m}}$$

$$K = (\kappa \cdot t_{\mathrm{m}})\ /r_{\mathrm{m}}^2 \tag{2.7}$$

式中，$r_{\mathrm{m}} = (r_1 + r_2)\ /2$；$\kappa \equiv \lambda/\rho C_{\mathrm{p}}$；$\lambda$（W/（m·K））为热传导系数，$\rho$（$\mathrm{kg/m^3}$）为材料密度。

基于所研究的只沿模型半径变化的温度场，可推导出应力也只沿半径发生变化，则应力控制方程为[136,137]：

$$\frac{\mathrm{d}\sigma_r}{\mathrm{d}r} + \frac{2}{r}(\sigma_r - \sigma_t) = 0 \tag{2.8}$$

式中，σ_r（MPa）为径向应力分量，σ_t（MPa）为切向应力分量。

应力、应变之间关系的物理方程为：

$$\varepsilon_r - \alpha T = (\sigma_r - 2\mu\sigma_t)\ /E$$

$$\varepsilon_t - \alpha T = [\sigma_t - \mu(\sigma_r + \sigma_t)]\ /E \tag{2.9}$$

式中，ε_r 为径向应变分量；ε_t 为切向应变分量；α（$\mathrm{K^{-1}}$）为热膨胀系数；E（Pa）为弹性模量，μ 为泊松比。

应变、位移之间关系的几何方程为：

$$\varepsilon_r = \mathrm{d}u/\mathrm{d}r$$

$$\varepsilon_t = u/r \tag{2.10}$$

式中，u（mm）为径向位移。

所有岩石及矿物在微波加热之前的初始温度为环境温度，可以将环境温度看作相对 0 ℃，将求解得到的温度场统一加上环境温度即为实际温度场。因此初始条件可表示为：

$$T(r,\ t) = 0,\quad t = 0 \tag{2.11}$$

对于玄武岩，可作为强损耗介质矿物的是磁铁矿（Mag），弱损耗介质矿物为斜长石（Pl）。而花岗岩中，弱损耗介质矿物为石英（Qtz），除 Mag 外，Qtz 与黑云母（Bt）之间的介电性能差异也十分显著，因此，Bt 也可以考虑作为花岗岩复合矿物模型中的强损耗介质矿物。基于各矿物的微波加热响应特征实验结果，拟合理论升温曲线，作为热传导模型的边界条件：$T(r_1, t)$ 和 $T(r_2, t)$，如图 2.18 和图 2.19 所示。

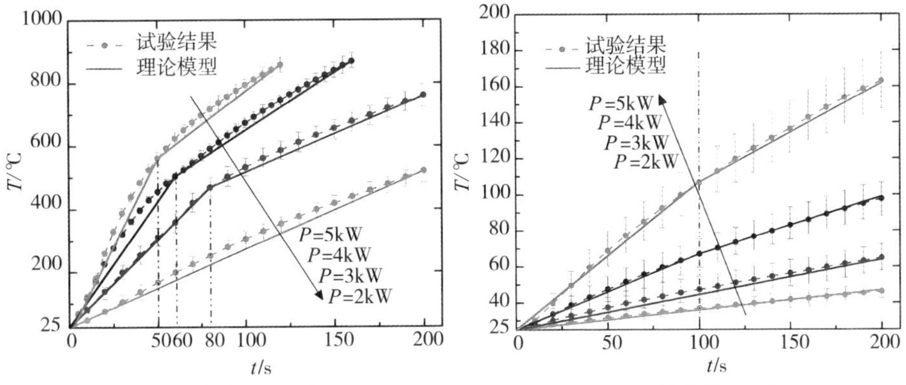

（a）$T(r_1, t)$　　（b）$T(r_2, t)$

图 2.18　微波加热玄武岩复合矿物模型边界条件

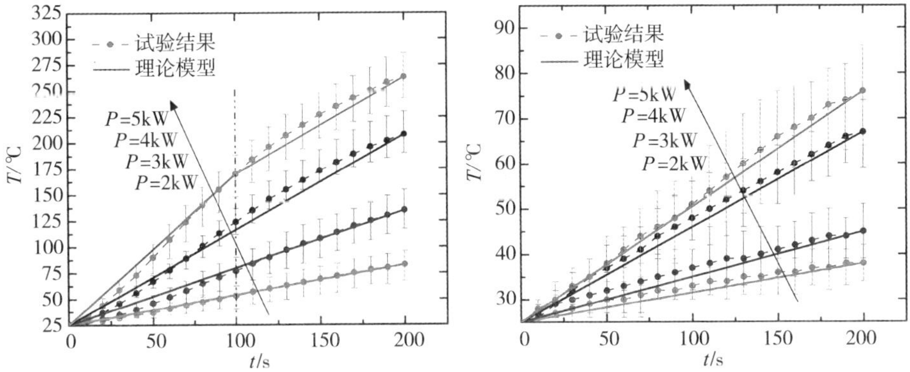

（a）$T(r_1, t)$　　（b）$T(r_2, t)$

图 2.19　微波加热花岗岩复合矿物模型边界条件

假设复合矿物之间的界面为理想接触条件，不考虑界面之间的滑移，则在界面处，满足径向应力和位移连续条件，此外，不考虑外力作用，则复合矿物外边界应力为0，综上，应力边界条件表示为：

$$\sigma_{r1} = \sigma_{r2} \big|_{r=r_1}$$

$$\sigma_{r2} = 0 \big|_{r=r_2}$$

$$u_1 = 0 \big|_{r=0}$$

$$u_1 = u_2 \big|_{r=r_1} \tag{2.12}$$

2.2.3 温度场及应力场解析解

数学上，一个线性系统，由各种主动因素（不依赖于过程的表征量）即强迫外源、边界扰动和初始扰动引起的运动可以进行线性分解，即可以看作是这些主动因素各自独立作用引起的运动的叠加。这个结论称为线性叠加原理或独立作用原理。而本书求解的线性热传导问题满足线性叠加原理，可采用频谱分解法和脉冲分解法进行求解。频谱分解法主要包括分离变量法、积分变化法（傅氏变换法和拉氏变换法）。拉氏变换（拉普拉斯变换）是从一维无穷区间的积分变换-傅氏变换（傅里叶变换）发展而来，利用它可以把对时间变量的偏导数从微分方程中消去，因而广泛应用于非稳态问题的求解[138]。

对包含时间项进行拉普拉斯变换得：

$$X(R,\ s) = \int_0^{\infty} \Theta(R,\ \tau)\ \mathrm{e}^{-s\tau} \mathrm{d}\tau \tag{2.13}$$

热传导方程（2.6）和温度边界条件可表示为：

$$\frac{\partial^2 X(R,\ s)}{\partial R^2} + \frac{p}{R}\frac{\partial X(R,\ s)}{\partial R} = \frac{s}{K} X(R,\ s) \tag{2.14}$$

$$X(R_1,\ s) = \frac{1}{s^2} \cdot \frac{\Theta_1}{\tau_0}$$

$$X(R_2,\ s) = \frac{1}{s^2} \cdot \frac{\Theta_2}{\tau_0} \tag{2.15}$$

根据常微分方程级数求解理论，如果方程中每一项的系数都可以在某一点处按泰勒级数（Taylor’ s series）展开，那么方程的解也可以表示成在该点处按泰勒级数展开的形式。方程（2.14）的系数可以在 $R=1$ 处按泰勒级数展开，则常微分方程可写成[139-141]：

$$X(R,\ s) = \sum_{n=0}^{\infty} A_n(s) \cdot (R-1)^n \tag{2.16}$$

将式（2.16）代入方程（2.14）中，基于阿贝尔（Abel）准则并比较 $(R-1)^n$ 的系数，即可得到关于系数的递推公式：

$$(n+1)(n+2)A_{n+2}(s) = -(n+1)^2 A_{n+1}(s) + \frac{s}{K}[A_n(s) + A_{n-1}(s)],\ p=1 \tag{2.17}$$

$$(n+1)(n+2)A_{n+2}(s) = -(n+1)(n+2)A_{n+1}(s) + \frac{s}{K}[A_n(s) + A_{n-1}(s)],\ p=2 \tag{2.18}$$

那么 $A_n(s)$ 可用包含 $A_0(s)$ 和 $A_1(s)$ 的通式表示：

$$A_n(s) = B_1(p,\ s) \cdot A_0(s) + B_2(p,\ s) \cdot A_1(s) \tag{2.19}$$

将式（2.19）代入式（2.16）中得：

$$X(R,\ s) = \sum_{n=0}^{\infty}[B_1(p,\ s) \cdot A_0(s) + B_2(p,\ s) \cdot A_1(s)] \cdot (R-1)^n \tag{2.20}$$

将边界条件（2.15）代入式（2.20）得到：

$$\begin{bmatrix} d_{11} & d_{12} \\ d_{21} & d_{22} \end{bmatrix} \begin{Bmatrix} A_0(s) \\ A_1(s) \end{Bmatrix} = \begin{Bmatrix} \dfrac{\Theta_1}{\tau_0} \cdot \dfrac{1}{s^2} \\ \dfrac{\Theta_2}{\tau_0} \cdot \dfrac{1}{s^2} \end{Bmatrix} \tag{2.21}$$

式中：$d_{11} = \sum_{n=0}^{\infty} B_1(p,\ s) \cdot (R_1 - 1)^n$；$d_{12} = \sum_{n=0}^{\infty} B_2(p,\ s) \cdot (R_1 - 1)^n$；

$d_{21} = \sum_{n=0}^{\infty} B_1(p,\ s) \cdot (R_2 - 1)^n$；$d_{22} = \sum_{n=0}^{\infty} B_2(p,\ s) \cdot (R_2 - 1)^n$。

基于式（2.21）得到系数 $A_0(s)$，$A_1(s)$ 的解分别为：

$$A_0(s) = \frac{1}{s^2}\det\begin{bmatrix} \Theta_1/\tau_0 & d_{12} \\ \Theta_2/\tau_0 & d_{22} \end{bmatrix} \Big/ \det\begin{bmatrix} d_{11} & d_{12} \\ d_{21} & d_{22} \end{bmatrix}$$

$$A_1(s) = \frac{1}{s^2}\det\begin{bmatrix} d_{11} & \Theta_1/\tau_0 \\ d_{21} & \Theta_2/\tau_0 \end{bmatrix} / \det\begin{bmatrix} d_{11} & d_{12} \\ d_{21} & d_{22} \end{bmatrix} \tag{2.22}$$

将式（2.22）代入式（2.20）得到：

$$X(R, s) = \sum_{n=0}^{\infty} \frac{F(s)}{M(s)} \cdot (R-1)^n \tag{2.23}$$

式中：$F(s) = \det\begin{bmatrix} \Theta_1/\tau_0 & d_{12} \\ \Theta_2/\tau_0 & d_{22} \end{bmatrix} \cdot B_1(p, s) + \det\begin{bmatrix} d_{11} & \Theta_1/\tau_0 \\ d_{21} & \Theta_2/\tau_0 \end{bmatrix} \cdot B_2(p, s)$ ；

$M(s) = s^2 \cdot \det\begin{bmatrix} d_{11} & d_{12} \\ d_{21} & d_{22} \end{bmatrix}$ 。

通过对式（2.23）进行拉普拉斯逆变换，即可得到 $\Theta(R, \tau)$ 的解。

假设 $\overline{F}(s) = \dfrac{F(s)}{M(s)}$ ，其拉普拉斯逆变换的公式为：

$$L^{-1}[\overline{F}(s)] = \frac{1}{2\pi j}\int_{\beta-j\infty}^{\beta+j\infty} e^{s\tau}\overline{F}(s)\,ds \tag{2.24}$$

通常拉普拉斯逆变换的方法有查表法、部分分式法和回路积分法。根据本书所研究的热传导问题的回路类型，结合留数定理可得：

$$\frac{1}{2\pi j}\int_{\beta-j\infty}^{\beta+j\infty} e^{s\tau}\overline{F}(s)\,ds = \sum_{k=1}^{J} \operatorname*{res}_{s_k} \overline{F}(s)\,e^{s\tau},\ \tau > 0 \tag{2.25}$$

其中 s_1，s_2，…，s_k 为 $M(s)=0$ 的根，J 为根的个数，若所有的根为单根，则留数为：

$$\operatorname*{res}_{s=s_k} \overline{F}(s) = \frac{F(s_k)}{M'(s_k)} \tag{2.26}$$

若其中有 m 个重根，则留数为：

$$\operatorname*{res}_{s=s_k} \overline{F}(s) = \frac{1}{(m-1)!}\lim_{s\to s_k}\frac{d^{m-1}}{ds^{m-1}}[(s-s_k)^m F(s)] \tag{2.27}$$

将式（2.25）~式（2.27）代入式（2.23），得到温度场方程的解析解为：

$$\Theta(R, \tau) = \sum_{n=0}^{\infty}\left[\sum_{k=1}^{m}\left[\frac{1}{(m-1)!}\lim_{s\to s_k}\frac{d^{m-1}}{ds^{m-1}}\left[(s-s_k)^m \frac{F(s_k)}{M(s_k)} e^{s_k\tau}\right]\right] + \right.$$

$$\sum_{k=m+1}^{J}\frac{F(s_k)}{M'(s_k)}e^{s_k\tau}\Bigg](R-1)^n \tag{2.28}$$

基于得到的温度场函数，代入应力场控制方程中，求解由热膨胀变形引起的应力场方程解析解。将应力场物理方程（2.9）和几何方程（2.10）代入方程（2.8）中，得到：

$$\frac{\mathrm{d}}{\mathrm{d}r}\left[\frac{1}{r^2}\frac{\mathrm{d}}{\mathrm{d}r}(r^2u)\right]=\frac{1+\mu}{1-\mu}\cdot\alpha\frac{\mathrm{d}T}{\mathrm{d}r} \tag{2.29}$$

将式（2.29）进行积分求解得：

$$\frac{\mathrm{d}u}{\mathrm{d}r}=\frac{1+\mu}{1-\mu}\cdot\alpha\left[\frac{-2}{r^3}\int_a^r Tr^2dr+T\right]+c_1+\frac{c_2}{r^3} \tag{2.30}$$

再次积分得：

$$u=\frac{1+\mu}{1-\mu}\cdot\alpha\cdot\frac{1}{r^2}\int_a^r Tr^2\mathrm{d}r+c_1r+\frac{c_2}{r^2} \tag{2.31}$$

式中，a 为空心球体的内径，若为实心球体，$a=0$，且 $\lim\limits_{r\to0}\frac{1}{r^2}\int_0^r Tr^2dr=0$。将式（2.30）和式（2.31）代入式（2.10），结合式（2.9）可得：

$$\sigma_r=-\frac{2E\alpha}{1-\mu}\cdot\frac{1}{r^3}\int_a^r Tr^2dr+\frac{Ec_1}{1-2\mu}-\frac{2Ec_2}{1+\mu}\cdot\frac{1}{r^3}$$

$$\sigma_t=\frac{E\alpha}{1-\mu}\cdot\frac{1}{r^3}\int_a^r Tr^2dr+\frac{Ec_1}{1-2\mu}+\frac{Ec_2}{1+\mu}\cdot\frac{1}{r^3}-\frac{TE\alpha}{1-\mu} \tag{2.32}$$

式中，c_1 和 c_2 为积分常数，通过边界条件可求出具体值。

强、弱损耗介质矿物中，其径向和切向应力分量分别表示为：

$$\sigma_{r1}=-\frac{2E\alpha_1}{1-\mu}\cdot\frac{1}{r^3}\int_0^r T_1r^2\mathrm{d}r+\frac{Ec_{11}}{1-2\mu}-\frac{2Ec_{21}}{1+\mu}\cdot\frac{1}{r^3}$$

$$\sigma_{t1}=\frac{E\alpha_1}{1-\mu}\cdot\frac{1}{r^3}\int_0^r T_1r^2\mathrm{d}r+\frac{Ec_{11}}{1-2\mu}+\frac{Ec_{21}}{1+\mu}\cdot\frac{1}{r^3}-\frac{T_1E\alpha_1}{1-\mu}$$

$$\sigma_{r2}=-\frac{2E\alpha_2}{1-\mu}\cdot\frac{1}{r^3}\int_{r_1}^r T_2r^2\mathrm{d}r+\frac{Ec_{12}}{1-2\mu}-\frac{2Ec_{22}}{1+\mu}\cdot\frac{1}{r^3}$$

$$\sigma_{t2} = \frac{E\alpha_2}{1-\mu} \cdot \frac{1}{r^3}\int_{r_1}^{r} T_2 r^2 \mathrm{d}r + \frac{Ec_{12}}{1-2\mu} + \frac{Ec_{22}}{1+\mu} \cdot \frac{1}{r^3} - \frac{T_2 E\alpha_2}{1-\mu} \tag{2.33}$$

径向位移分别为：

$$u_1 = \frac{1+\mu}{1-\mu} \cdot \alpha \cdot \frac{1}{r^2}\int_0^r T_1 r^2 \mathrm{d}r + c_{11} r + \frac{c_{21}}{r^2}$$

$$u_2 = \frac{1+\mu}{1-\mu} \cdot \alpha \cdot \frac{1}{r^2}\int_{r_1}^r T_1 r^2 \mathrm{d}r + c_{12} r + \frac{c_{22}}{r^2} \tag{2.34}$$

分别将式（2.33）和式（2.34）代入应力边界条件（2.12），确定各积分常数的值分别为：

$$c_{11} = c_{12} = \frac{2(1-2\mu)}{(1-\mu)r_2^3} \cdot \left(\alpha_1\int_0^{r_1} T_1 r^2 \mathrm{d}r + \alpha_2\int_{r_1}^{r_2} T_2 r^2 \mathrm{d}r\right)$$

$$c_{21} = 0$$

$$c_{22} = \frac{1+\mu}{1-\mu} \cdot \alpha_1\int_0^{r_1} T_1 r^2 \mathrm{d}r \tag{2.35}$$

将式（2.35）代入式（2.33）得到复合矿物岩石模型中应力场解析解为：

$$\sigma_{r1} = 2E\left[-\frac{\alpha_1}{r^3} \cdot \Lambda_1(r,\ t) + \frac{\alpha_1}{r_2^3} \cdot \Lambda_1(t) + \frac{\alpha_2}{r_2^3} \cdot \Lambda_2(t)\right]$$

$$\sigma_{t1} = E\left[\frac{\alpha_1}{r^3} \cdot \Lambda_1(r,\ t) + \frac{2\alpha_1}{r_2^3} \cdot \Lambda_1(t) + \frac{2\alpha_2}{r_2^3} \cdot \Lambda_2(t) - \frac{\alpha_1 T_1}{1-\mu}\right]$$

$$\sigma_{r2} = 2E\left[-\frac{\alpha_2}{r^3} \cdot \Lambda_2(r,\ t) + \frac{\alpha_1}{r_2^3} \cdot \Lambda_1(t) + \frac{\alpha_2}{r_2^3} \cdot \Lambda_2(t) - \frac{\alpha_1}{r^3} \cdot \Lambda_1(t)\right]$$

$$\sigma_{t2} = E\left[\frac{\alpha_2}{r^3} \cdot \Lambda_2(r,\ t) + \frac{2\alpha_1}{r_2^3} \cdot \Lambda_1(t) + \frac{2\alpha_2}{r_2^3} \cdot \Lambda_2(t) + \frac{\alpha_1}{r^3} \cdot \Lambda_1(t) - \frac{\alpha_2 T_2}{1-\mu}\right] \tag{2.36}$$

其中，$\Lambda_1(t) = \frac{1}{1-\mu}\int_0^{r_1} \boldsymbol{T}_1 r^2 \mathrm{d}r$；$\Lambda_2(t) = \frac{1}{1-\mu}\int_{r_1}^{r_2} \boldsymbol{T}_2 r^2 \mathrm{d}r$；$\Lambda_1(r,\ t) = \frac{1}{1-\mu}\int_0^{r} \boldsymbol{T}_1 r^2 \mathrm{d}r$；$\Lambda_2(r,\ t) = \frac{1}{1-\mu}\int_{r_1}^{r} \boldsymbol{T}_2 r^2 \mathrm{d}r$。

以上为球体模型中应力场方程解析解，对于圆柱模型，应力场控制方

程为:

$$\frac{\mathrm{d}\sigma_r}{\mathrm{d}r} + \frac{1}{r}(\sigma_r - \sigma_t) = 0 \tag{2.37}$$

应力-应变关系物理方程为:

$$\varepsilon_r - \alpha T = \frac{1}{E}(\sigma_r - \mu\sigma_t)$$

$$\varepsilon_t - \alpha T = \frac{1}{E}(\sigma_t - \mu\sigma_r) \tag{2.38}$$

而几何方程与球体模型一致，综合式（2.10）、式（2.37）和式（2.38）可得:

$$\frac{\mathrm{d}}{\mathrm{d}r}\left[\frac{1}{r}\frac{\mathrm{d}}{\mathrm{d}r}(ru)\right] = (1+\mu)\alpha\frac{\mathrm{d}T}{\mathrm{d}r} \tag{2.39}$$

上式积分得:

$$\frac{\mathrm{d}u}{\mathrm{d}r} = (1+\mu)\cdot\alpha\left[\frac{-1}{r^2}\int_a^r Tr\mathrm{d}r + T\right] + c_1 + \frac{c_2}{r^2}$$

$$u = (1+\mu)\cdot\alpha\cdot\frac{1}{r}\int_a^r Tr\mathrm{d}r + c_1 r + \frac{c_2}{r} \tag{2.40}$$

再结合物理方程（2.38）和几何方程（2.10）得到:

$$\sigma_r = -E\alpha\cdot\frac{1}{r^2}\int_a^r Tr\mathrm{d}r + \frac{E}{1-\mu^2}\left[c_1(1+\mu) - c_2(1-\mu)\frac{1}{r^2}\right] \tag{2.41}$$

$$\sigma_t = E\alpha\cdot\frac{1}{r^2}\int_a^r Tr\mathrm{d}r + \frac{E}{1-\mu^2}\left[c_1(1+\mu) + c_2(1-\mu)\frac{1}{r^2}\right] - E\alpha T \tag{2.42}$$

将应力边界条件（2.12）代入上式，得到各积分常数的取值为:

$$c_{11} = c_{12} = \frac{(1-\mu)}{r_2^2}\cdot\left(\alpha_1\int_0^{r_1} T_1 r\mathrm{d}r + \alpha_2\int_{r_1}^{r_2} T_2 r\mathrm{d}r\right)$$

$$c_{21} = 0$$

$$c_{22} = (1+\mu)\cdot\alpha_1\int_0^{r_1} T_1 r\mathrm{d}r \tag{2.43}$$

将积分常数的值代入式（2.41）和式（2.41）得到圆柱模型中，强、弱损耗介质的应力场解析解为：

$$\sigma_{r1} = E\left[-\frac{\alpha_1}{r^2}\cdot\Lambda_1(r,\ t) + \frac{\alpha_1}{r_2^2}\cdot\Lambda_1(t) + \frac{\alpha_2}{r_2^2}\cdot\Lambda_2(t)\right]$$

$$\sigma_{t1} = E\left[\frac{\alpha_1}{r^2}\cdot\Lambda_1(r,\ t) + \frac{\alpha_1}{r_2^2}\cdot\Lambda_1(t) + \frac{\alpha_2}{r_2^2}\cdot\Lambda_2(t) - \alpha_1 T_1\right]$$

$$\sigma_{r2} = E\left[-\frac{\alpha_2}{r^2}\cdot\Lambda_2(r,\ t) + \frac{\alpha_1}{r_2^2}\cdot\Lambda_1(t) + \frac{\alpha_2}{r_2^2}\cdot\Lambda_2(t) - \frac{\alpha_1}{r^2}\cdot\Lambda_1(t)\right]$$

$$\sigma_{t2} = E\left[\frac{\alpha_2}{r^2}\cdot\Lambda_2(r,\ t) + \frac{\alpha_1}{r_2^2}\cdot\Lambda_1(t) + \frac{\alpha_2}{r_2^2}\cdot\Lambda_2(t) + \frac{\alpha_1}{r^2}\cdot\Lambda_1(t) - \alpha_2 T_2\right]$$

(2.44)

式中，$\Lambda_1(t) = \int_0^{r_1} T_1 r\mathrm{d}r$；$\Lambda_2(t) = \int_{r_1}^{r_2} T_2 r\mathrm{d}r$；$\Lambda_1(r,\ t) = \int_0^{r} T_1 r\mathrm{d}r$；$\Lambda_2(r,\ t) = \int_{r_1}^{r} T_2 r\mathrm{d}r$。

将温度场函数代入到不同模型各相矿物的应力场函数中，即可得到微波照射下复合矿物岩石模型中的热应力场最终的解析解。

2.3 复合矿物岩石温度场及应力场分布演化规律

2.3.1 复合矿物温度场分布演化规律

对于球体模型，综合考虑当微波频率为 2.45 GHz 时所能穿透的岩石深度及能量损耗规律，设定球体模型的体积为 1×10^{-6} m^3，即模型总半径 r_2 = 0.0062 m，对于玄武岩试样，根据其中磁铁矿的含量（4%）可求得强损耗介质矿物的半径 r_1 = 0.0021 m；对于花岗岩试样，当强损耗介质矿物为磁铁矿时，其含量为 1%，对应的半径 r_1 = 0.0013 m，强损耗介质为黑云母时，其含量为 2.7%，对应的半径 r_1 = 0.0019 m。两种岩石模型中涉及的强、弱损耗介质矿物的热物力理性能参数如表 2.4 所示。

表 2.4　复合矿物岩石模型中主要矿物的热、力物理性能参数

性能	磁铁矿	黑云母	斜长石	石英
密度 ρ /(kg/m^3)	4260	2778	2779	2780
比热容 C_p /(J/kg·K)	849.38[103]	770[41]	800[103]	750[41]
热扩散系数 κ /(10^{-7} m^2/s)	—	—	6.57[103]	26.4[41]
热膨胀系数 α /(10^{-6} 1/K)	38.2[103]	50[41]	5.19[109]	12.5[142]

基于复合矿物岩石球体模型的温度场函数［式（2.28），$p=2$］，得到玄武岩的温度场分布规律如图 2.20 所示。根据微波加热玄武岩的试验结果可知，各功率照射下试样发生断裂破碎时微波能量输入 *ME* 接近 240 kJ，因此我们研究了各功率下微波能量输入都为 240 kJ 时玄武岩内部的温度场分布演化规律。在弱损耗介质矿物中，温度随着半径的增加持续下降，在半径由 0.0021 m 增加到 0.0031 m 时，温度梯度在各功率下分别为 1.36×10^5 ℃/m，2.08×10^5 ℃/m，2.20×10^5 ℃/m 和 2.35×10^5 ℃/m，由此可见，温度梯度随着功率的增加而增加。而当半径由 0.0021 m 增加到 0.0031 m 时，各功率下的温度梯度分别为 7.24×10^4 ℃/m，1.09×10^5 ℃/m，1.14×10^5 和 1.21×10^5 ℃/m，在远离强损耗介质的位置，温度梯度逐渐下降。

当功率为 3 kW 时，相同半径范围内（0.0021～0.0031 m），持续照射 40 s 时的温度梯度为 1.06×10^5 ℃/m，略大于照射 80 s 时温度梯度的 1/2（1.04×10^5 ℃/m）；保持功率不变，当研究半径范围是 0.0031～0.0041 m 时，持续照射 40 s 后的温度梯度又小于照射 80 s 时温度梯度的 1/2。可以看出，在微波加热过程中，在热量由强损耗介质向弱损耗介质传递的过程中，传递效率在时间上和空间上都具有非线性变化的特征。

为了考虑模型形状对复合矿物模型微波加热响应特征的影响，基于式（2.28）（$p=1$），得到圆柱形复合矿物岩石模型的温度场分布规律如图 2.21 所示。由于在边界条件设置时，忽略了热传导对强损耗介质矿物的影响，所以强损耗介质的温度场分布始终一致，只随微波能量输入情况发生变化。在弱损耗介质矿物中，可发现不同模型形状中，同一位置的温度值有区别，但是温度随着半径增加的下降规律是一致的。

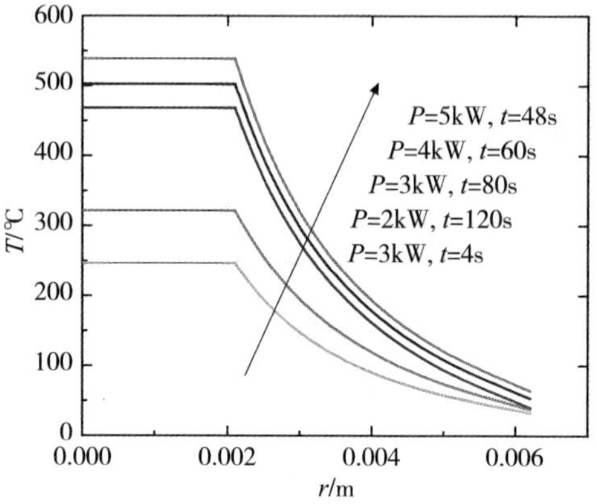

图 2.20　玄武岩复合矿物模型温度场分布规律

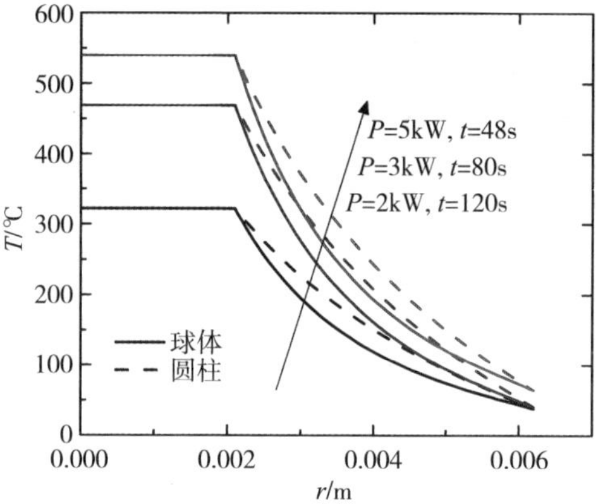

图 2.21　复合矿物岩石模型温度场分布的形状效应

相同微波能量输入下，在半径为 0.0021～0.0031 m 的范围内，圆柱模型在各功率下对应的平均温度梯度为 1.04×10^5 ℃/m，1.59×10^5 ℃/m 和 1.83×10^5 ℃/m，是球体模型对应位置平均温度梯度的 0.76～0.78 倍，随着半径的增加，模型形状对温度场分布规律的影响逐渐减弱。因此模型形状对于分析岩石微波加热响应的特征的影响仅表现为具体位置处温度值的不同，不影响总体的温度场分布规律，且温度值的偏差不超过 25%。此外，当采用的功率升高时，可处理的岩石材料尺寸更大，模型形状的影响将进一步降低。

对于花岗岩，各功率下研究的时间范围增大，在此过程中，磁铁矿的升温速率在加热后期有较大的变化，将升温速率发生改变的时间点用 τ_1 表示，当 $0 \leqslant \tau \leqslant \tau_1$ 时，升温函数用 $\Theta_m(\tau)$ 表示；当 $\tau_1 < \tau \leqslant \tau_2$ 时，升温函数用 $\Theta_n(\tau)$ 表示。如果直接分别求解两段时间内的温度场进行拼接，则会导致温度在 τ_1 不连续。因此需要借助于数学几何分析将 $\Theta_n(\tau)$ 表示为与 $\Theta_m(\tau)$ 相关的函数，从而使温度在 τ（$\tau_1 < \tau \leqslant \tau_2$）范围内连续变化。

如图 2.22 所示，当 $\tau_1 < \tau \leqslant \tau_2$ 时，$\Theta_n(\tau) = \Theta_1 + b\Theta_m(\tau - \tau_1)$，其中 $b = (\Theta_2 - \Theta_1)\tau_1/[(\tau_2 - \tau_1)\Theta_1]$；根据几何关系 $\Theta_a = \Theta_b$，而 Θ_1 又可表示为：$\Theta_1 = \Theta_m(\tau) - \Theta_m(\tau - \tau_1)$，所以 $\Theta_n(\tau) = \Theta_m(\tau) - (1-b)\Theta_m(\tau - \tau_1)$。从而可将温度场函数表示为连续分段函数：

$$\Theta(R,\ \tau) = \Theta_m(R,\ \tau),\quad 0 \leqslant \tau \leqslant \tau_1$$

$$\Theta(R,\ \tau) = \Theta_m(R,\ \tau) - (1-b)\Theta_m(R,\ \tau - \tau_1),\quad \tau_1 < \tau \leqslant \tau_2 \tag{2.45}$$

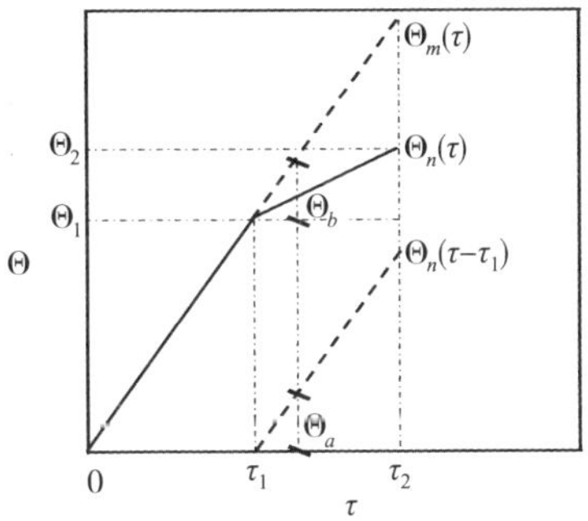

图 2.22　磁铁矿升温边界条件函数连续性变换原理示意图

分别研究半径为 0.002 m，0.003 m，0.004 m 和 0.005 m 处花岗岩的温度演化规律，如图 2.23 所示，功率越高，相同时间加热下，弱损耗矿物中温度越高。这是因为功率越高，在强损耗介质矿物中产生的热量越大，相应地，通过强-弱矿物界面的热流密度越大，于是弱损耗介质矿物的升温速率越大。此外，弱损耗介质矿物的升温历程可以直接反映强损耗矿物的微波能量耗散历程，当功率为 3 kW 和 5 kW 时，磁铁矿的升温速率分别在 80 s 和 50 s 时发生变化，相同微波照射条件下，弱损耗介质中的温度变化速率也发生改变。

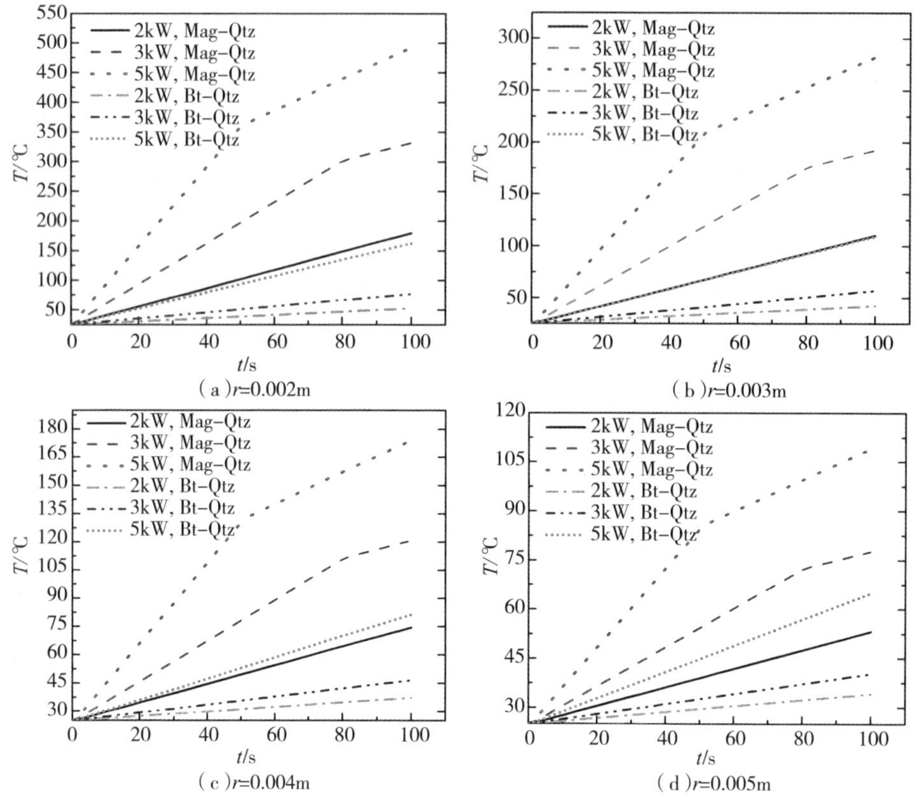

图 2.23　花岗岩温度场分布演化规律及强损耗介质矿物介电性能影响

虽然黑云母的含量较磁铁矿多，但是磁铁矿周围弱损耗介质的温度远高于黑云母周围介质的温度，可见在一定的矿物含量变化范围内，强损耗介质的介电性能相比于其含量来说，对温度场分布规律的影响更大。持续照射 100 s 后，同一位置（$r=0.002$ m），各功率下两种强损耗介质矿物周围的温差为 126.89 ℃，254.72 ℃，330.14 ℃；当半径增加至 $r=0.003$ m 时，相应的温差变为 67.54 ℃，135.44 ℃，173.02 ℃，可见在高功率作用下，强损耗介质矿物对周围温度场分布规律的影响会增大。

在半径为 0.002~0.003 m 的范围内，磁铁矿周围弱损耗介质矿物中的温度梯度在各功率下分别为：6.94×10^4 ℃/m，1.39×10^5 ℃/m 和 2.10×10^5 ℃/m；在 0.003~0.004 m 的范围内，对应的温度梯度变为：3.56×10^4 ℃/m，7.17×

10^4 ℃/m 和 1.08×10^5 ℃/m，当半径增加至 0.004～0.005 m 时，温度梯度进一步缩小。与玄武岩中弱损耗介质中温度梯度变化规律进行对比可发现，两者的温度场分布演化规律具有一致性。

综上可知，弱损耗介质矿物中的温度场分布及演化规律与强损耗介质矿物介电耗散性能直接相关，当强损耗介质矿物的升温速率随微波功率和作用时间发生变化时，弱损耗介质矿物中的温度随微波功率和作用时间也会发生相应的变化。基于所建立的理论模型及其温度边界条件，当强损耗介质矿物含量一定时，其介电耗散性能越强，升温速率越大，周围基质矿物内、外边界之间的平均温度梯度也越大，即在基质矿物内，温度沿半径方向下降速率越大。

2.3.2　复合矿物应力场分布演化规律

基于球体复合矿物结构岩石模型的应力场函数［式（2.36）］，结合相关矿物的热、力物理性能参数，其中，玄武岩和花岗岩模型的弹性模量 E 和泊松比 μ 分别为 2.5×10^{10} Pa，0.22；3.2×10^{10} Pa，0.15[143,144]，可得到岩石试样的热应力场分布演化规律。

玄武岩中应力场分布演化规律如图 2.24 所示。在磁铁矿内部温度场分布均匀的情况下，其径向应力和切向应力相等且都为压应力（拉应力方向为正）。在弱损耗矿物中，径向应力逐渐减小且始终为压应力；切向应力在强-弱损耗介质矿物界面发生突变，由压应力转变为拉应力，且边界处的拉应力最大，之后随着半径的增加逐渐减小。

当微波输入能量在各个功率相等时（ME=240 kJ），应力也随着功率的提高而增大。当照射功率为 5 kW 时，半径由 0.0021 m 增加到 0.003 m，0.004 m，0.005 m 时，径向应力随半径增加的下降量分别为 274 MPa，76 MPa，36 MPa；当照射功率为 4 kW 时，相应的径向应力下降量分别为 255 MPa，72 MPa，33 MPa，可见相同微波能量输入下，应力沿半径的下降速率随着照射功率的增加而增加。在半径 0.002 m 处，功率由 2 kW 增加到 3 kW，4 kW，

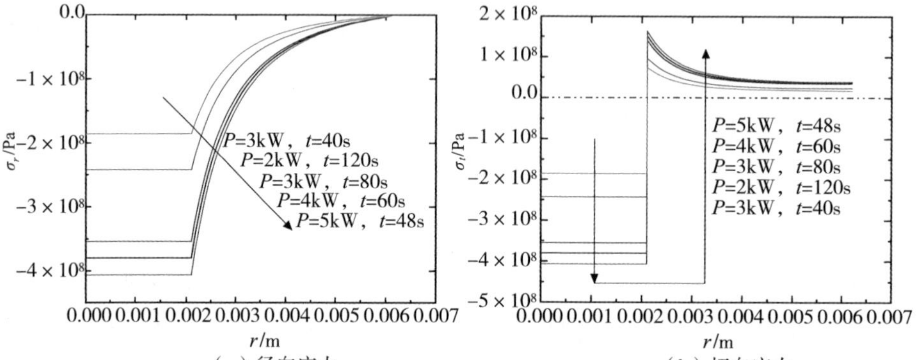

（a）径向应力　　（b）切向应力

图 2.24　玄武岩复合矿物模型应力场分布规律

5 kW 时，径向应力分别提高了 112 MPa，26 MPa，27 MPa；在半径 0.003 m 处，随着功率的增加，径向应力的增加量分别为 37 MPa，8 MPa，8 MPa，距离热源矿物越近，径向应力随功率的增加量越大，且当功率由 2 kW 增加至 3 kW 时，不同半径处的径向应力有明显提升，继续增加功率至 4 kW 以上时，径向应力的增加量较小。一定微波能量输入下，切向应力的变化规律与径向应力具有相似性，当功率增加时，切向应力沿半径增加下降速率变快，随着半径增加，应力下降的趋势减缓。当功率由 2 kW 提高至 3 kW 时，切向应力的增量较大，而继续增加功率对应力提升效果不明显。

微波加热强损耗介质矿物中，热量由强损耗介质传导至弱损耗介质内，传导效率随时间的变化出现非线性现象，导致一定范围内温度梯度随时间变化规律的非线性行为，进一步研究由温度梯度和热膨胀性能协同作用导致的应力场演化规律非线性行为。在功率 3 kW 下，分别将照射 80 s 时的切向应力 $\sigma_t(80)$ 与径向应力 $\sigma_r(80)$ 线性化得到 60 s 和 40 s 时的应力，即 $\sigma_r'(60) = 3/4 \cdot \sigma_r(80)$ ，$\sigma_t'(60) = 3/4 \cdot \sigma_t(80)$ 和 $\sigma_r'(40) = 1/2 \cdot \sigma_r(80)$ ，$\sigma_t'(40) = 1/2 \cdot \sigma_t(80)$ ，并与实际应力 $\sigma_r(60)$ ，$\sigma_t(60)$ 和 $\sigma_r(40)$ ，$\sigma_t(40)$ 进行对比，对比结果如图 2.25 所示。径向应力为压应力，根据图 2.25（a）可知实际径向应力值大于线性化应力值，且径向应力的非线性程度随着照射时间的增加而减小。切向应力为拉应力，由图 2.25（b）可知实际切向应力也大于相应的线性化应力值，切向应力的非线性程度也是随着照射时间的增加而减小。

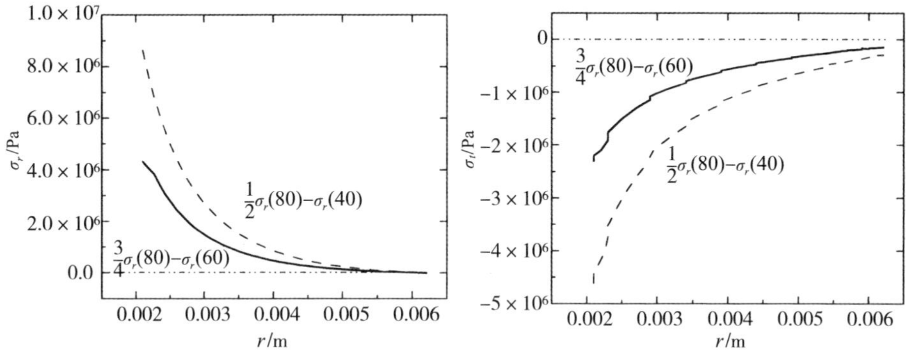

（a）径向应力　　（b）切向应力

图 2.25　应力随时间变化的非线性行为

基于应力场函数［式（2.44）］，得到圆柱形复合矿物岩石模型应力场分布演化规律，并将其与球体模型进行对比分析，分析应力场分布的模型形状效应，如图 2.26 所示。在各功率照射下，圆柱模型的径向应力均小于球体模型的径向应力；但是其切向拉应力却大于球体模型的切向拉应力。通过对比球体模型与圆柱模型应力的差值在不同功率下随半径变化的规律发现：径向应力和切向应力的差值均随着半径的增加而减少，但是随着功率的增加而增加，且只有在热源-基质矿物边界处，径向应力差值的绝对值大于切向应力差值的绝对值，之后均小于切向应力差值绝对值。

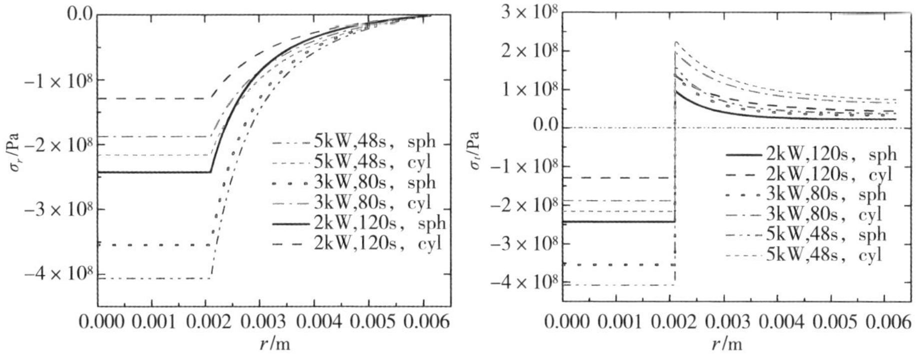

（a）径向应力　　（b）切向应力

图 2.26　微波热致应力场分布规律形状效应

结合温度场分布规律的形状效应（图 2. 21）研究结果，圆柱模型弱损耗介质矿物中的温度均高于球体模型弱损耗介质矿物中的温度，当弱损耗介质矿物热膨胀性质相同时，圆柱模型中弱损耗介质矿物的总膨胀量大于球体模型相应矿物的膨胀量；而强损耗介质矿物的温度场不变，其膨胀量在两种模型中相同，从而导致了圆柱模型中径向应力的减小和切向拉应力的增大。

当照射功率为 3 kW 时，图 2. 27 对比了球体模型与圆柱模型的应力场随照射时间的变化规律，可以明显看到球体模型与圆柱模型应力（径向和切向）的差值随着照射时间的增加而增加；随着半径的增加而减少。当照射时间为 40 s 时，圆柱模型在半径 0. 0021 m，0. 0030 m，0. 0040 m 处的切向应力分别为 106. 9 MPa，62. 7 MPa，45. 6 MPa；而照射时间为 80 s 时，相应的应力为 198. 9 MPa，116. 6 MPa，85. 3 MPa。可见对于圆柱模型，照射时间增长为 40 s 时的 2 倍，但是应力却小于 40 s 时应力的 2 倍，即与球体模型中应力随照射时间的变化规律一致，应力随时间的增长速率也在下降。虽然由球体模型得到的应力场和圆柱模型的应力场在数值上存在差异，但是其随微波功率和照射时间的变化规律是一致的。

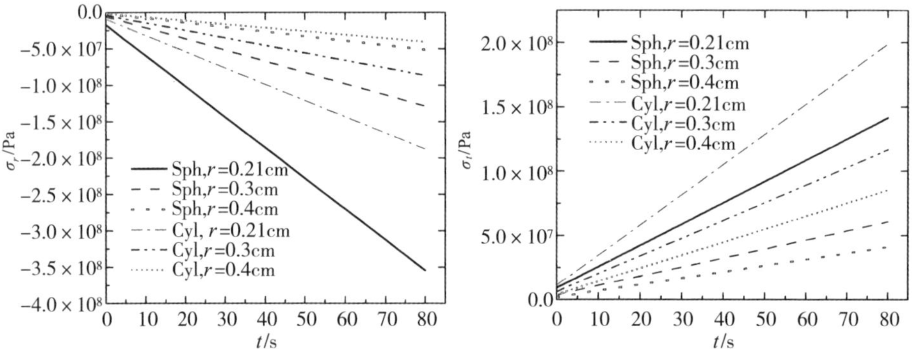

（a）径向应力　　（b）切向应力

图 2. 27　微波热致应力场演化规律形状效应

对于复合矿物花岗岩模型，黑云母-石英花岗岩模型切向应力沿径向的分布规律与玄武岩模型中切向应力分布规律是一致的（图 2. 28），但是磁铁矿-

石英模型切向应力沿径向分布规律发生明显改变。与玄武岩模型相比，磁铁矿的颗粒体积、石英的热膨胀性能以及岩石的力学性能都不相同，与黑云母-石英模型相比，温度梯度分布及热源矿物的热膨胀性能不同，各因素综合影响导致磁铁矿-石英模型中切向应力分布规律的不同。

磁铁矿-石英切向拉应力沿着半径方向先减小后增大，而且在 0.0016～0.0025 m 半径范围内，切向应力变为压应力，此压应力的峰值随着照射功率的提高而增大。在磁铁矿-石英界面处（r = 0.0013 m），对应功率为 2 kW，3 kW，5 kW 时的切向应力分别为：17.2 MPa，33.4 MPa，51.9 MPa；在石英基质的外边界处（r = 0.0062 m），对应功率为 2 kW，3 kW，5 kW 时的切向应力分别为：19.5 MPa，39.4 MPa，59.4 MPa。石英基质外边界处的应力大于磁铁矿-石英界面处的应力，且随着功率的增加，两者的差值进一步增大。可见对于应力场分布规律，强损耗介质矿物含量的影响较大，只有当强损耗介质矿物达到一定的含量时，才能使弱损耗介质矿物中切向应力均为拉应力。

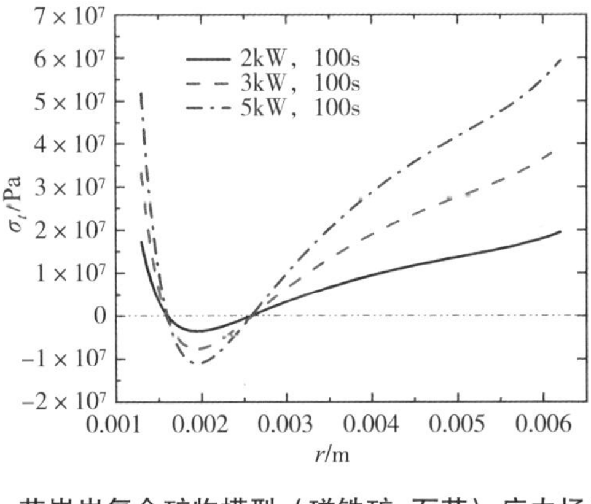

图 2.28　花岗岩复合矿物模型（磁铁矿-石英）应力场分布规律

微波照射下磁铁矿和黑云母周围石英基质中的应力场分布演化规律如图 2.29 所示。对于径向应力，两种强损耗介质矿物周围的应力均随照射时间、功率的增加而增加，随半径增加而减少。对于切向应力，黑云母-石英中的应力随着照射时间、功率的增加而增加，随着半径的增加而减少。磁铁矿-石英中的应力在同一半径处随着照射时间、功率的增加而增加。

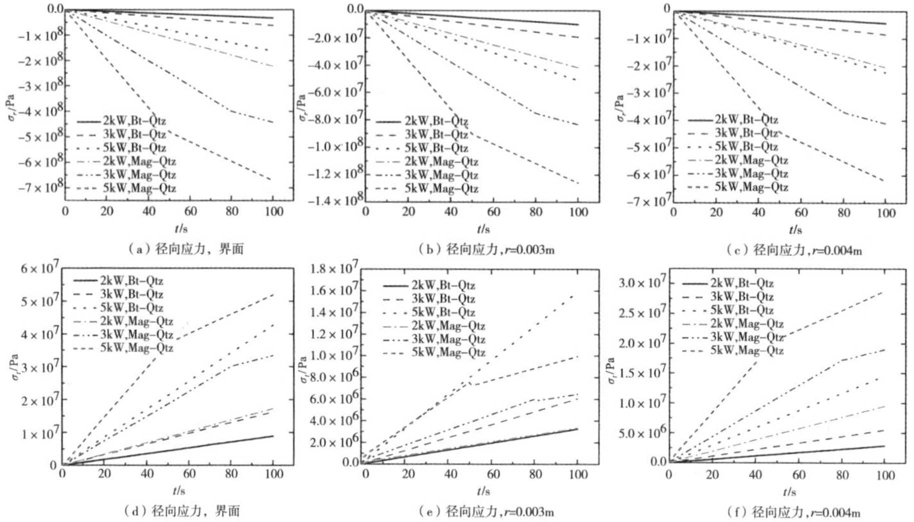

图 2.29　微波能量及强损耗矿物种类对花岗岩应力场分布演化规律的影响

在照射过程中，磁铁矿-石英中的径向应力始终大于黑云母-石英中的径向应力，且两者应力的差值随着照射时间和功率的增大而增大，沿石英基质半径的增加而减小。对比两种模型中的温度场随照射时间、功率和半径的变化规律可以发现，径向应力的变化规律与温度场变化规律具有一致性。而且我们注意到在两种模型的界面处，磁铁矿-石英在 2 kW 时的应力大于黑云母-石英在 5 kW 时的应力；在半径 0.003 m，0.004 m 处，5 kW 照射下的黑云母-石英的应力大于 2 kW 照射下的磁铁矿-石英的应力。在半径 0.003 m 处，黑云母-石英在 5 kW 的温度与磁铁矿-石英在 2 kW 时的温度几乎相等；在半径 0.004 m 处，黑云母-石英在 5 kW 的温度高于磁铁矿-石英在 2 kW 时的温度。可见微波照射下岩石内部径向应力的分布，相比于矿物成分的热膨胀性能，受温度梯度的影响更大。在 0.003 m 处，照射时间为 100 s 时，磁铁矿-石英在 2 kW，3 kW，5 kW 时的切向应力分别为：3.3 MPa，6.5 MPa，9.9 MPa。在 0.004 m 处，照射时间为 100 s 时，切向应力分别为：9.5 MPa，19.0 MPa，28.8 MPa，大于其在 0.003m 处的应力。而黑云母的周围石英基质中的切向应力沿半径增加而持续减小。

2.3.3　微波能量输入及矿物物理性能影响分析

（1）微波功率及矿物热传导性能对温度场的影响分析

微波照射下，玄武岩中升温速率较低的基质矿物除大量斜长石以外，还有部分的橄榄石和辉石；花岗岩中的基质矿物除大量石英之外，还有部分的长石类矿物，需要研究不同弱损耗介质矿物热传导性能差异引起的岩石温度场分布演化规律变化。仍采用磁铁矿作为强损耗介质矿物，当模型总半径仍取 0.0062 m 时得到周围不同弱损耗介质矿物中的温度场分布规律如图 2.30（a）所示。我们发现这三种矿物热传导性能对温度场分布规律的影响几乎可以忽略不计，且三种矿物内部的温度随着功率的提高而增大的幅度在同一半径处也几乎相同。当照射功率为 2 kW 时，将半径为 0.003～0.004 m 范围内的温度场进行放大可得温度随着热扩散系数的增大有轻微的升高（≈0.6 ℃）。

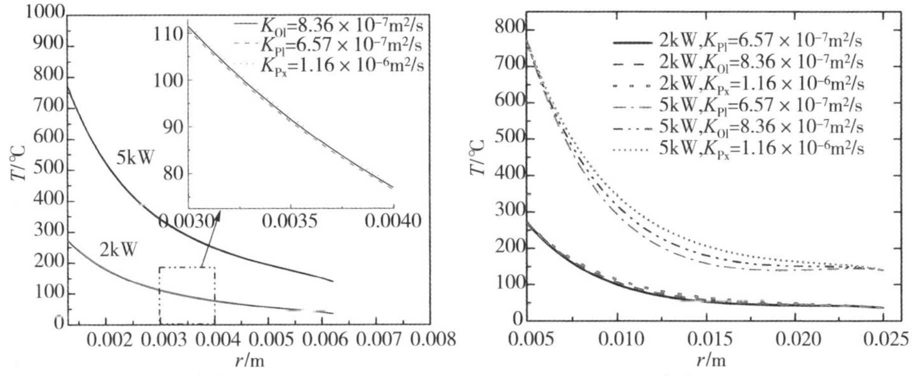

（a）r_2=0.0062m　　（b）r_2=0.025m

图 2.30　矿物热传导性能对岩石温度场分布规律的影响及其尺度效应

考虑模型的尺度效应，当我们把模型等比例放大时（r_2 = 0.025 m），得到弱损耗介质矿物中温度场分布规律如图 2.30（b）所示。可见当模型的尺度增大时，弱损耗介质矿物的热传导性能对岩石温度场分布的规律也会放大，可以观察到基质中的温度随着热扩散系数的增大而轻微升高，温度梯度却随着热扩散系数的增大而减小。而且随着照射功率的提高，不同基质中的温差越大。在同一功率照射下，基质矿物之间的温差随着半径的增加呈现先增大后减小的趋势。

基于放大后的复合矿物岩石模型，分别对半径为 0.006 m，0.01 m，和 0.015 m 处的温度随照射时间的变化规律进行研究。如图 2.31 所示，在同一半径处，三种基质中的温差随着照射时间的增加而增大。照射功率为 2 kW，半径为 0.006 m 时，经过 100 s 的微波照射，斜长石和橄榄石之间的温差为 2.5 ℃；橄榄石和辉石之间的温差为 2.95 ℃。当半径为 0.01 m 时，斜长石和橄榄石，以及橄榄石和辉石之间的温差分别为 6.19 ℃ 和 7.59 ℃；半径为 0.015 m 时，斜长石和橄榄石以及橄榄石和辉石之间的温差分别为 4.79 ℃ 和 6.13 ℃。当照射功率为 5 kW 时，经过 100 s 的微波照射，斜长石和橄榄石以及橄榄石和辉石之间的温差在 0.006 m，0.01 m，0.015 m 处分别为 8.48 ℃，9.85 ℃；23.8 ℃，28.16 ℃；21.63 ℃，25.98 ℃。结合图 3.31（b）可知，当功率为 2 kW 和 5 kW 时，在 0.006~0.01 m 之间，温差都是随着半径的增加而增加；在 0.01~0.015m 之间，温差会先增大达到一个峰值，之后逐渐下降。且当功率为 2 kW 时，温差在 0.011 m 达到峰值，而当功率为 5 kW 时，温差在 0.013 m 达到峰值。即在照射过程中存在一个特定的半径值，使基质热传导性能变化对温度场的影响达到最大，而此特征半径值随着功率的提高而增大。

（2）微波功率及强损耗介质矿物含量对岩石应力场的影响分析

对花岗岩中两种不同强损耗介质周围切向应力场分布规律的研究结果表明，强损耗矿物含量对切向应力场分布规律有显著影响，因此进一步分析在不同功率微波能量作用下，强损耗介质矿物含量的影响。如图 2.32 所示，当强损耗介质矿物的半径分别为：0.0013 m，0.0019 m，0.0023 m 时，相同微波能量输入下，对于不同的 r_1，径向应力均随着 r/r_1 的增大呈现减速减小的趋势。当 r/r_1 相同时，径向应力在不同功率下，均随着 r_1 的增大而减小，即矿物颗粒体积越大，其内部的径向应力越小。

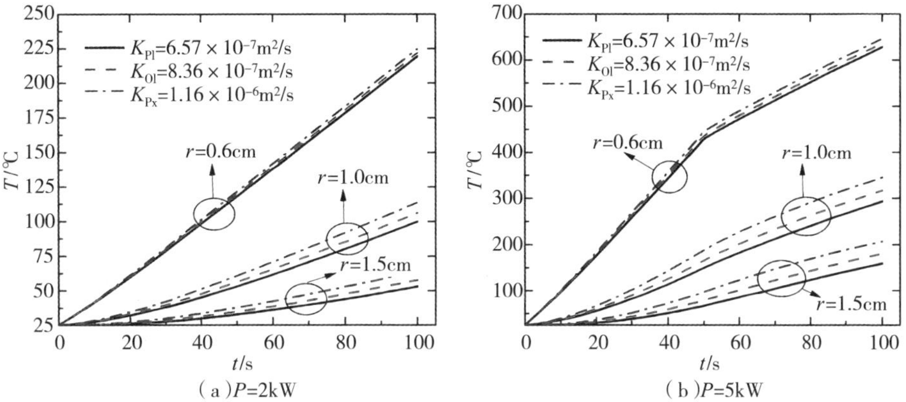

(a) P=2kW　　(b) P=5kW

图 2.31　微波功率及矿物热传导性能对岩石温度场演化规律的协同影响

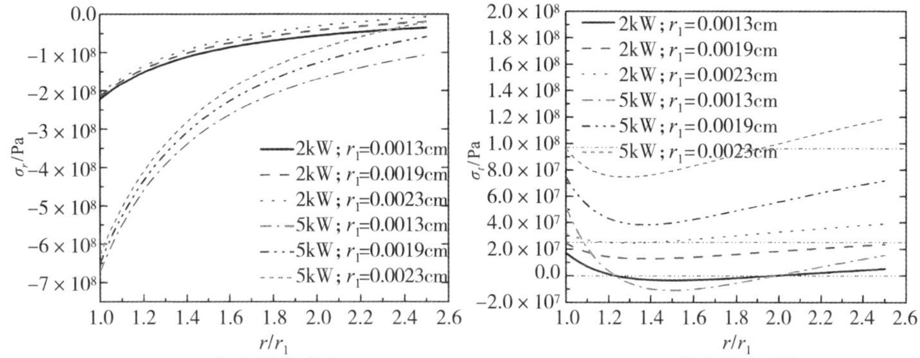

(a) 径向应力　　(b) 切向应力

图 2.32　微波功率及矿物含量对岩石应力场分布规律的协同影响（t=100 s）

当 r/r_1 由 1 增加到 2.5 时，功率为 2 kW 时，0.0013 m，0.0019 m，0.0023 m 的强损耗矿物导致的径向应力的减小量分别为：187.0 MPa，195.1 MPa，200.5 MPa；功率为 5 kW 时，相应的径向应力的减小量分别为：565.9 MPa，590.5 MPa，607.0 MPa。强损耗矿物颗粒体积越大，随着 r/r_1 的增大，其径向应力折减量越大，且该折减量随着照射功率的提高而增大。当 r/r_1 由 1.2 增加到 1.6，2.0，2.4 时，强损耗矿物相对含量由 58% 下降到 24%，13%，7%，当照射功率为 2 kW，矿物相对含量由 58%下降到 24%时，导致的应力减少量分别为：1.86 MPa，1.95 MPa，2.01 MPa，而当矿物相对含量由

24%进一步下降到13%时，对应的应力减少量进一步增大。可见强损耗矿物含量变化导致的应力减少量随着其体积的增加而增加，且在强损耗矿物含量较少的情况下，矿物含量变化对于不同位置应力值的影响更大。

切向应力随着强损耗矿物体积的增大而增大，且提高功率后，各矿物体积对应的径向应力均增大。由图2.32（b）可以发现对于不同的强损耗矿物体积，切向应力均随着 r/r_1 的增大先减小后增大，而在玄武岩球体模型的斜长石基质中，切向应力随着 r/r_1 的增大持续减小，这主要是由弱损耗矿物热膨胀性能的改变引起的。

当磁铁矿的半径为0.0013 m时，在 r/r_1 为1.24~1.9的范围内，切向应力在照射功率为2 kW和5 kW时都为压应力，且在5 kW照射下产生的压应力大于2 kW照射下产生的压应力。当磁铁矿的半径增大到0.0019 m时，在各功率照射下所产生的切向应力都为拉应力，应力值随照射功率增大而增大。即当强损耗矿物体积较小时，在距离强-弱损耗矿物界面一定范围切应力由拉应力变为压应力，且照射功率越高，压应力的峰值越大；增大强损耗矿物体积，压应力的径向范围减小然后转变为全部径向范围都为拉应力。当照射功率为2 kW时，对于不同强损耗矿物体积（0.0013 m，0.0019 m，0.0023 m），切向应力最小值所处的半径分别为：0.0019 m，0.0025 m，0.0029 m。当照射功率为5 kW时，切向应力最小值对应的半径与2 kW时相同。即微波功率对切向应力最小值的位置无影响。

对于切向应力，当照射功率为2 kW，矿物相对含量由58%下降到24%的过程中，对于不同体积的强损耗矿物，产生最小切向应力时，对应的矿物相对含量分别为：30%，39%，48%。切向应力均经历了先减小后增大的过程。在强损耗矿物颗粒半径由0.0013 m增加到0.0023 m的过程中，相对含量由58%下降至24%时所对应的应力逐渐增加。之后矿物相对含量由24%继续下降时，切向应力则持续增加，且强损耗矿物颗粒体积越大，功率越高，应力增加得越多。表明强损耗矿物含量相同的情况下，矿物体积越大，产生的切向应力越大；且复合矿物结构岩石的总体积越大，由于强损耗矿物体积增加产生的切向应力增量越大。

强损耗矿物含量对周围弱损耗矿物中应力场分布演化规律的影响如图 2.33 所示。由图 2.33（a）可以看到，在同一半径处，径向应力随着强损耗矿物体积的增大而增大；由强损耗矿物体积增大导致的径向应力增量随着照射时间的增加而增加，随半径增加而减小。由图 2.33（b）可以看到当照射功率提高到 5 kW 时，由于强损耗矿物在 50 s 后的升温速率下降，导致其应力随照射时间增加的速率也发生下降，且强损耗矿物体积越大，应力受强损耗矿物升温速率下降的影响越大，即应力随时间增加的速率发生减小越明显。

在图 2.33（c）中我们可以看到，当强损耗矿物颗粒半径为 0.0013 m 时，在半径 0.002 m 处的切向应力为压应力，且压应力的值随着照射时间的增加持续增加。当矿物半径增加至 0.0019 m 时，在 0.002 m 处切向应力由压应力转变为拉应力，且拉应力值也随照射时间的增加而增加。2 kW 功率照射下，照射时间为 100 s 时，当切向应力都为拉应力时，在 0.0035 m，0.005 m 处，矿物含量增加（r_1 由 0.0013 m 增加到 0.0019 m）导致的应力增量分别为 9.98 MPa 和 11.17 MPa；当功率为 5 kW 时，相应的应力增量为 30.17 MPa 和 33.81 MPa。可见微波功率和时间的增加对于由强损耗矿物含量增加导致的切向拉应力增量有放大效应。

切向应力与径向应力变化规律不同的是，由强损耗矿物含量增加而导致的切向拉应力增量随半径增加而增加，值得注意的是，此规律只出现于磁铁矿-石英复合矿物结构中。基于之前的切向应力场沿径向分布规律可知，石英的热膨胀系数大于斜长石，导致磁铁矿-石英矿物中，切向应力在石英矿物中存在压应力区，在切向应力随半径增加由压应力转变为拉应力且拉应力逐渐增加时，若强损耗矿物含量增加，则会导致切向应力增量随半径增加而增加。但是对于磁铁矿-斜长石和黑云母-石英复合矿物结构，弱损耗矿物中的切向拉应力沿半径增加逐渐减小，若强损耗矿物含量提高，导致的切向拉应力增量也会随着半径增加而减小。

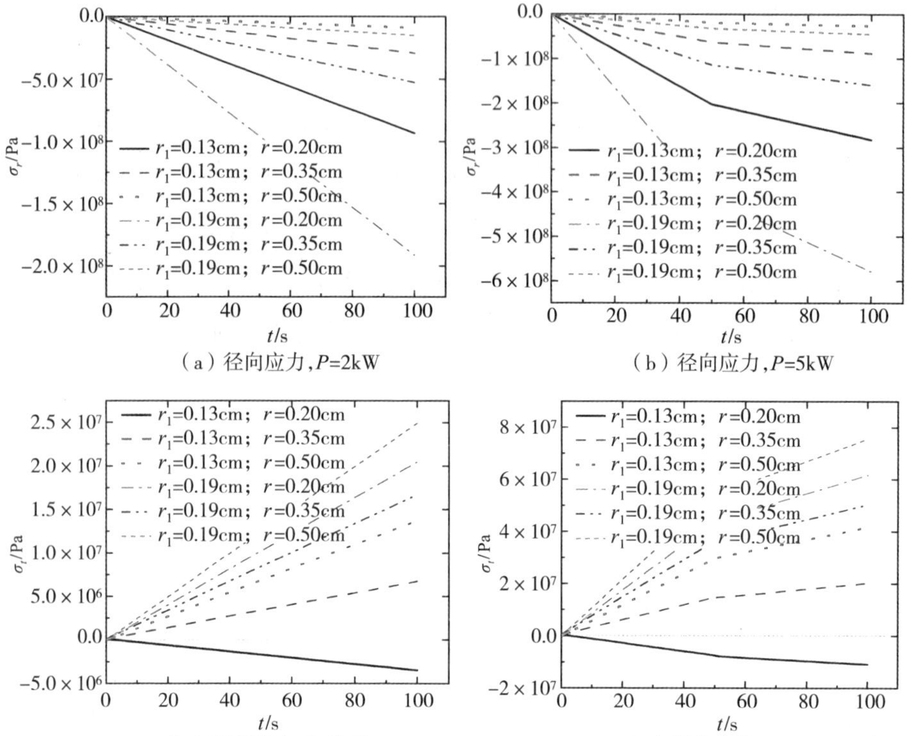

（a）径向应力，P=2kW　（b）径向应力，P=5kW

（c）切向应力，P=2kW　（d）切向应力，P=5kW

图 2.33　微波功率及矿物含量对弱损耗矿物中应力场分布演化规律的影响

（3）微波功率及矿物热膨胀性能对应力场的影响分析

此部分研究中，采用的强、弱损耗矿物分别为磁铁矿和石英，弹性参数如弹性模量和泊松比同花岗岩岩石试样，依次改变强、弱损耗矿物的热膨胀性能，以研究应力场变化规律与矿物组分热膨胀性能的相关性。当弱损耗矿物的热膨胀系数固定（$\alpha_2 = 1.25 \times 10^{-5}\ \mathrm{K}^{-1}$）时，强损耗矿物膨胀性能对热应力的影响如图 2.34 所示。对于径向应力，由图 2.34（a）可见，强损耗矿物膨胀系数越大，岩石（强、弱损耗矿物均包含）中的热应力越大。提高照射功率后，应力随强损耗矿物膨胀系数增大而增大的幅度更大。在 α_1 由 $2.82 \times 10^{-5}\ \mathrm{K}^{-1}$ 增加到 $3.82 \times 10^{-5}\ \mathrm{K}^{-1}$ 及 $4.82 \times 10^{-5}\ \mathrm{K}^{-1}$ 时，增加的幅度都为 $1.00 \times 10^{-5}\ \mathrm{K}^{-1}$，在相同半径处应力增量也相同。

当照射功率为 2 kW 时，在 0.0013 m 和 0.002 m 对应的应力增量分别为

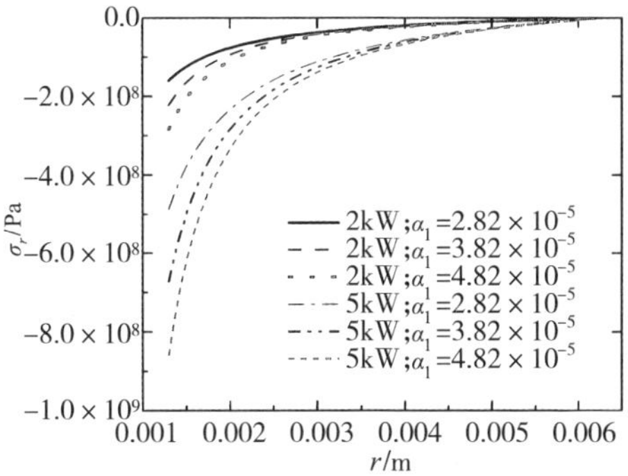

(a) 径向应力

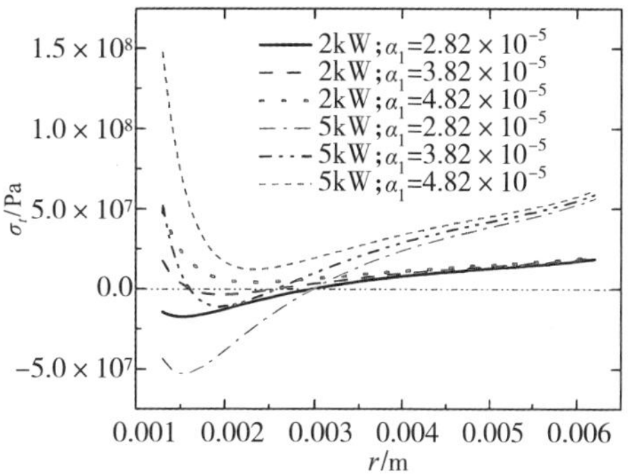

(b) 径向应力

图 2.34　强损耗矿物热膨胀性能对弱损耗矿物中应力场分布规律的影响（t=100 s）

61.42 MPa 和 16.50 MPa；当照射功率为 5 kW 时，相应的应力增量分别为 185.86 MPa 和 49.93 MPa。即在同一半径处，应力随强损耗矿物膨胀系数的变化是线性的。由于距离强损耗矿物越远，径向应力越小，矿物热膨胀系数的变化对应力的影响也在减小。当照射功率为 2 kW，半径大于 0.0030 m 时，强损耗矿物热膨胀性能对应力场的影响半径范围是 0~0.003 m；当照射功率为 5 kW 时，影响范围增大，为 0~0.004 m。

对于切向应力，当 $\alpha_1 = 2.82 \times 10^{-5} K^{-1}$ 时，复合矿物界面处切向应力在 2 kW 和 5 kW 的功率照射下都为压应力，随着半径的增加，压应力先增大后减小，在 0.003 m 时，压应力转变为拉应力，之后随着半径的增加，拉应力逐渐增大。当 $\alpha_1 = 3.82 \times 10^{-5} K^{-1}$ 时，复合矿物界面处切向应力在 2 kW 和 5 kW 的功率照射下都为拉应力，之后应力逐渐减小且在 0.0016 m 时转变为压应力；随着半径的增加，压应力先增大后减小，在 0.0025 m 时，切向应力再次由压应力转换为拉应力，之后随着半径的增加逐渐增大，且在弱损耗矿物外边界处的切向拉应力略大于其在复合矿物界面处的值。当 $\alpha_1 = 4.82 \times 10^{-5} K^{-1}$ 时，弱损耗矿物范围内的切向应力都为拉应力，应力先减小后增大，但是复合矿物界面处的应力远大于弱损耗矿物外边界处的应力。因此，当强损耗矿物的热膨胀变形较小时，弱损耗矿物中的切向应力在距离异质矿物界面一定距离处才会由压应力转换为拉应力。

强损耗矿物的热膨胀系数每增加 1.00×10^{-5} K^{-1}，在同一半径处应力差值的绝对值是相等的。即切向应力随强损耗矿物热膨胀性能变化也是线性的，若在某一半径处的切向应力为压应力，则随着矿物膨胀系数增大，应力先线性减小直至其转变为拉应力之后再线性增大。复合矿物界面处的应力受强损耗矿物膨胀性能变化的影响最大。相同功率下，强损耗矿物热膨胀性能对应力场的影响范围与径向应力相同。

弱损耗矿物热膨胀性能对热应力分布规律的影响如图 2.35 所示。在复合矿物界面处，随着弱损耗矿物热膨胀系数的增加，径向应力在减小。随着半径的增加，不同弱损耗矿物中径向应力的差值逐渐减小，当半径为 0.0014 m 时，不同弱损耗矿物中的应力相等。半径继续增加时，应力随矿物热膨胀系数的增大而增大，当半径为 0.0021 m 时，弱损耗矿物中应力的差值最大。不同热膨胀性能矿物径向应力值相等时的位置与应力差值最大的位置不受照射功率的影响。同一半径处的径向应力随弱损耗矿物热膨胀系数的变化也呈线性变化规律。

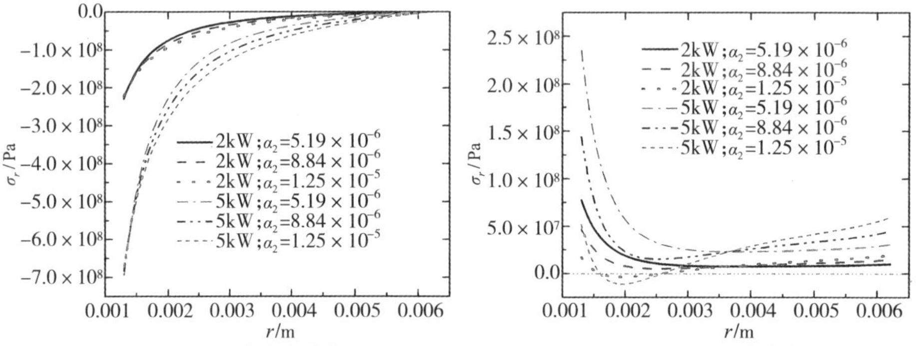

（a）径向应力　　（b）径向应力

图 2.35　弱损耗矿物热膨胀性能对应力场分布规律的影响（t=100 s）

不同功率照射下，复合矿物界面处的切向应力随着弱损耗矿物热膨胀系数的增加而减小，然而在复合矿物外边界处，切向应力随着弱损耗矿物热膨胀系数的增加而增加。当半径为 0.0036 m 时，具有不同热膨胀变形的各弱损耗矿物中的切向应力相等；当半径小于 0.0036 m 时，各弱损耗矿物中的应力的差值随着半径的增加而减小；当半径大于 0. 0036 m 时，对应的应力差值随着半径的增加而增大。弱损耗矿物热膨胀性能变化对复合矿物界面处切向应力的影响大于其对外边界处的影响。在同一半径处，切向应力随弱损耗矿物热膨胀性能变化也呈线性变化规律。

综上可知，微波照射下岩石内部径向应力场分布规律主要与强损耗矿物的热膨胀性能相关。弱损耗矿物中切向应力场的分布规律与两种矿物的热膨胀系数的差值相关，根据差值的大小应力场分布规律有四种：①当两者差异较小时，在距离强损耗矿物一定距离处切向应力由压应力转换为拉应力，之后随着半径增加而增加；②当两者差异增大时，在复合矿物界面处为拉应力，但是随着半径的增加，切向应力会由拉应力转换为压应力，压应力达到一个峰值后逐渐减小再转变为拉应力，之后随着半径的增加而增加，复合矿物结构外边界切向拉应力会轻微高于异质矿物界面处的应力；③两者差异继续增大，弱损耗矿物内部的应力都为拉应力，但从异质矿物界面处开始，随着半径的增大，应力先急剧下降，到达一个最小值后又平缓增大，复合矿物外边界应力小于异质矿物界面处的应力；④两者差异较大时，在异质矿物界面处取得拉应力最大峰值，之后随着半径的增加，应力持续减小。

2.4　微波加热岩石多场耦合理论模型建立

2.4.1　多相矿物岩石模型构型

如图 2. 36 所示中岩石试样是研究岩石断裂韧度的典型试样之一，通过对比岩石试样在微波场中的表面升温规律模拟结果与实验结果，验证数值模型结果的可靠性。对于整个三点弯曲试样，初始凹槽处是其薄弱区域，也因为形状的变化会使电场强度的分布规律发生改变，因此选取初始凹槽顶端部分，基于岩石（花岗岩）实际矿物组构特征，将岩石结构细化，建立如图 2. 37 中包含岩石矿物组构的微波加热岩石模型。基于 COMSOL Multiphysics 对微波场中岩石的电磁-热-力耦合过程进行研究，探讨微波能量输入及岩石结构构造特征对岩石多场耦合响应特征的影响，揭示多相矿物与微波电磁场的相互作用机理。

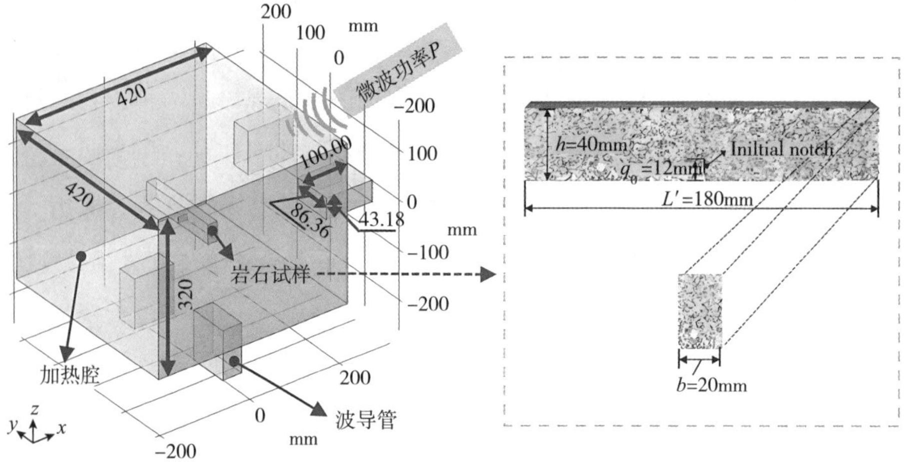

图 2.36　微波加热含初始缺陷均匀岩石模型

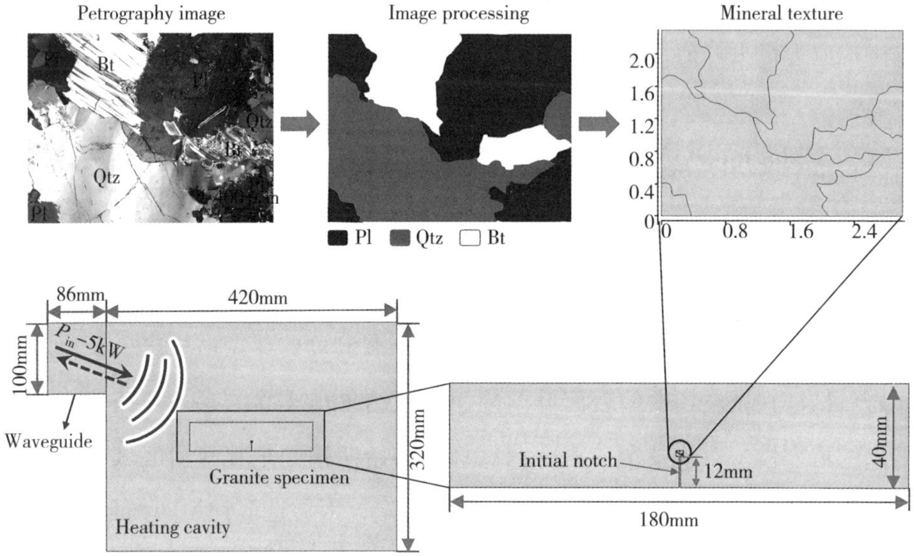

图 2.37　多相矿物电磁-热-力多场耦合模型

为了简化计算过程，节省运算成本，模型采用如下假设：

（1）微波加热腔为充满空气的铜质金属腔；

（2）岩石试样的初始温度具有均匀性和各向同性；

（3）不考虑微波加热岩石过程中的相变、传质以及化学反应。

2.4.2　网格划分方法

基于 COMSOL Multiphysics 内置的物理场控制网格划分方法，分别计算岩石试样上表面的一点（0，0，20）在 5 kW 功率下照射 1080 s 后的温度，当采用调整后的网格划分方法得到的结果与调整前的结果误差小于 1%时，则可以证明当前网格划分方法对结果无影响，适合用于模型运算。经过检验，较细化和超细化的网格划分方法均适用于模型运算，针对岩石试样，采用的是超细化的网格划分方法，如图 2.38 所示。

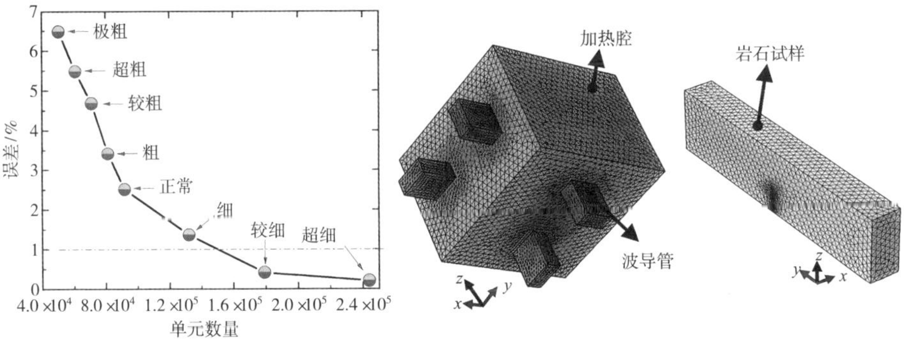

图 2.38　岩石试样网格划分方法

针对矿物结构，为了选取合适的网格划分方法，在岩石初始缺陷顶部选取点（1.5，0），分别采用较细化和超细化的网格划分方法，计算了 5 kW 微波照射 300 s，600 s，900 s 时的温度，得到不同网格划分时的差分别为 0.2%，0.2%，0.1%，可见两种网格划分方法均适用。对矿物结构采用了超细化的网格划分方法，如图 2.39 所示，将多相矿物组合结构划分为 1.2×10^4 个单元，网格的总体平均质量为 0.85。

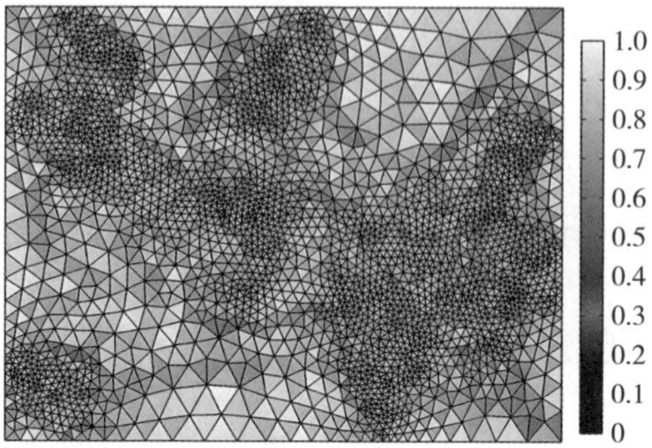

图 2.39　多相矿物结构网格划分方法

2.4.3　电磁-热-力物理场耦合方程及边界条件

基于 Maxwell 电磁理论，电磁场的控制方程为：

$$\nabla\times\mu_r^{-1}(\nabla\times \boldsymbol{E}_{\mathrm{rms}})-k_0^2\left(\varepsilon_r-\frac{j\sigma_e}{\omega\varepsilon_0}\right)\boldsymbol{E}_{\mathrm{rms}}=0 \tag{2.46}$$

式中，k_0（rad/m）为真空中的波数，ω（rad/s）为角频率。

岩石及矿物通过吸收微波能量转换为热量，使表面温度升高，由于温度场分布的非均匀性，各部分之间会产生热量传递，而微波能量即为热传导方程的热源：

$$\rho C_p\frac{\partial \boldsymbol{T}}{\partial t}-\lambda\ \nabla^2\boldsymbol{T}=\boldsymbol{Q} \tag{2.47}$$

式中，$\boldsymbol{Q}$（W/m^3）为微波电磁场产生的热源。

应力场控制方程为：

$$\rho\frac{\partial^2\boldsymbol{u}}{\partial t^2}=\nabla\cdot\sigma+\boldsymbol{f}_{\mathrm{vol}}$$

$$\varepsilon_{ij}=\frac{1}{2}\left(\frac{\partial u_i}{\partial x_j}+\frac{\partial u_j}{\partial x_i}\right)$$

$$\sigma_{ij}=C_{ijkl}\varepsilon_{kl}-\alpha T\delta_{ij} \tag{2.48}$$

式中，$\boldsymbol{u}$（m）为位移向量，σ（Pa）为应力张量；$\boldsymbol{f}_{\mathrm{vol}}$（$N/m^3$）为体积力；$C_{ijkl}$

是弹性常数张量，具体与弹性模量 E（GPa）和泊松比 μ 有关；δ_{ij} 为克罗内克函数。

温度场方程求解时，与复合矿物理论模型一样，设置室温为初始温度（$T_0 = 35℃$）；为了保证电磁波只在微波加热腔内传播，对微波加热腔和波导管设置阻抗边界条件：

$$\sqrt{\frac{\mu_0\mu_r}{\varepsilon_0\varepsilon_r - j\sigma_e/\omega}}\boldsymbol{n}\times\boldsymbol{H} + \boldsymbol{E}_{rms} - (\boldsymbol{n}\cdot\boldsymbol{E}_{rms})\boldsymbol{n} = 0 \qquad (2.49)$$

式中，$\boldsymbol{H}$（A/m）为磁场强度，μ_0（$\mu_0 = 4\pi\times10^{-7}$）为真空中的磁导率，$\boldsymbol{n}$ 为边界外法向量。

热物理场设置绝热边界条件：

$$-\boldsymbol{n}\cdot\boldsymbol{q} = 0 \qquad (2.50)$$

式中，$\boldsymbol{q}$（W/m^2，$\boldsymbol{q} = -\lambda\nabla\boldsymbol{T}$）为通过边界面的热流密度。

考虑到岩石试样置于微波无损耗介质的置物台进行加热，试样底部与置物台接触固定，底部位移为 0，因此设置位移边界条件为：$u_y = 0$。

岩石及矿物损耗微波能量，导致温度升高，而当温度升高至一定程度时，会影响介电性能参数，因此形成电磁-热的双向耦合。进一步，由温度变化导致的热膨胀变形，由于材料整体的限制，该变形不能自由发生，于是产生热应力，而热膨胀系数也会受到温度的影响，因此形成热-力双向耦合，再加上微波电磁场，形成电磁-热-力多场双向耦合过程。

模型中涉及的材料，铜质加热腔和空气的电磁、热物理性能参数及花岗岩和矿物的电磁、热、力物理性能参数，参考已有文献中的数据[145,146]。在本模型试算过程中，发现在所研究的微波能量输入及温度变化范围内，只有比热容随温度的变化对计算结果影响较大，因此考虑温度升高对岩石及矿物比热容的影响（图 2.40），温度对其余参数的影响忽略不计，各参数取值如表 2.5~表 2.7 中所列。

表 2.5　岩石试样、铜及空气的电磁、热物理性能参数

性质	取值		
	花岗岩	铜	空气
密度 ρ/（kg/m^3）	2638	8960	—
导热系数 λ/［W/（m·K）］	1.3	400	—
比热容/［J/（kg·K）］	$C_p(T)$	385	—
电导率/（S/m）	0	5.998×10^{7}	0
相对磁导率	1	1	1
介电常数	5.45	1	1
损耗因子	0.052	—	—

表 2.6　矿物的电磁、热物理性能参数

材料	密度 ρ/（kg/m^3）	导热系数 λ/［W/(m·K)］	介电常数 ε'	损耗因子 ε''
Pl	2630	2	5.62	0.039
Qtz	2650	6.5	4.00	7.52×10^{-4}
Bt	2800	3	7.48	0.456

表 2.7　岩石及矿物热力学性能参数

材料	弹性模量 E/GPa	泊松比 μ	热膨胀系数 α/(1/K)
花岗岩	60	0.25	7×10^{-6}
Pl	56.4	0.32	3.7×10^{-6}
Qtz	83.1	0.07	12.1×10^{-6}
Bt	17.2	0.36	8.3×10^{-6}

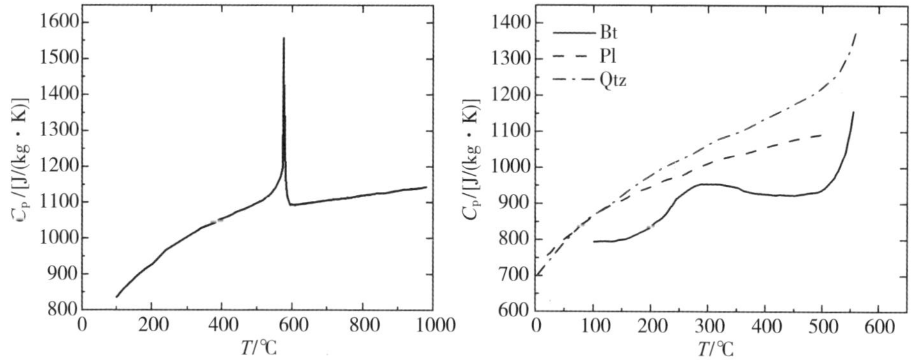

（a）岩石　　（b）矿物成分

图 2.40　温度升高对岩石及矿物比热容的影响规律

2.5　矿物结构对岩石温度场及应力场的影响分析

2.5.1　多相矿物结构对温度场分布演化规律的影响

当微波功率为 5 kW 时，岩石中的电磁场分布规律如图 2.41 所示，在微波加热腔内，电磁场在穿透岩石试样的过程中发生损耗，导致岩石周围的电磁场分布与波导管馈入的电磁场分布有明显区别。在固定的微波频率下，不同加热时间下的电磁场分布没有明显区别，这是由于在所研究的温度范围内，岩石的电磁参数没有明显改变，从而温度场对电磁场的影响没有明显体现。岩石中电场强度的最小值和最大值分别为 3.56×10^{3} V/m 和 4.43×10^{4} V/m，相应的位置分别为（-5.00，25.27，1.24）和（9.44，0.25，8.00）。

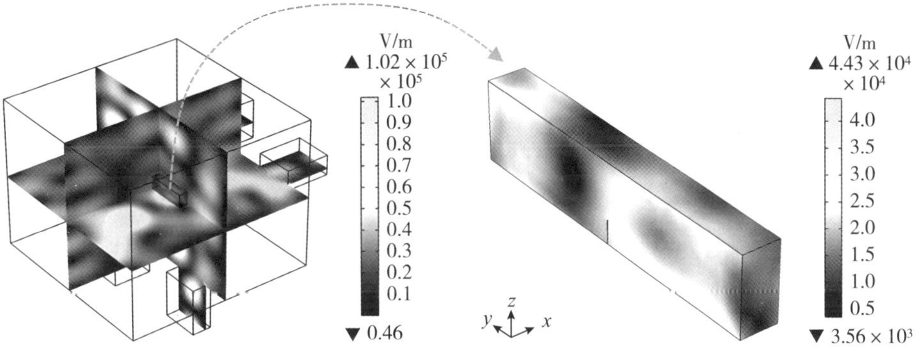

图 2.41　岩石中的电磁场分布规律

保持微波功率为 5 kW，花岗岩试样在 100 s，300 s，600 s，1200 s 和 1800 s 时的温度场演化规律如图 2.42 所示。结合图 2.41 可知，岩石温度场分布与电场强度分布具有一致性，即电场强度较强的位置也是温度场中的高温集中区域。温度场中的最值差异（最大值-最小值）随着照射时间的增加而增大。在每个照射期内，均存在局部强热区域，且在 0~600 s 时，强热区域随着照射时间的增加而扩大，但是在 600~1800 s，强热区域扩散的趋势变缓。这是由于温度与岩石热物理性能参数之间的相互影响所致。此外，在微波加热过程中，通过热电偶实时监测了试样顶部中点的温度，将该点温度的模拟结果与试验结果进行对比，如图 2.42 所示，两者的升温规律具有一致性，可验证模拟结果的可靠性。

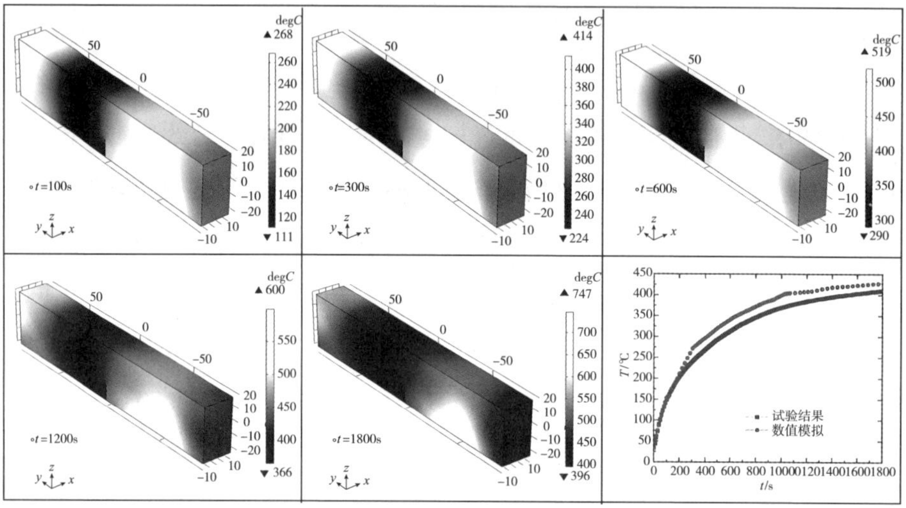

图 2.42　微波电磁场中岩石温度场分布演化规律

为了更清楚地研究岩石初始缺陷顶部周围的温度场，分别沿 x 轴和 y 轴方向取 20 mm 的范围，当照射时间分别为 360 s，720 s，1080 s，1440 s 和 1800 s 时，得到温度场演化规律如图 2.43 所示。各照射时间下，沿 x 轴的温度变化具有波动性，但总体变化幅度不超过 10 ℃，整个研究范围内的平均温度在各照射时间下分别为：295 ℃，383 ℃，429 ℃，452 ℃和 471 ℃。温度沿 y 轴方向发生缓慢下降，下降量随时间的变化没有明显规律，最大温差值为 79 ℃。沿 y 轴方向，在所研究的范围内，各照射时间下对应的平均温度分别为：293 ℃，377 ℃，426 ℃，449 ℃和 468 ℃。可见在初始缺陷顶端周围，沿不同方向的温度相差较小，具有各向同性，因此在多相矿物的电磁-热-力多场耦合响应特征研究中，采用二维模型是合理的。

微波加热均匀岩石模型中，初始缺陷顶端中点在 5 kW 功率下照射 360 s，720 s，1080 s，1440 s 和 1800 s 时，温度分别为 293 ℃，380 ℃，425 ℃，448 ℃和 467 ℃，在考虑岩石矿物结构的模型中，相同功率下，达到相同温度所需的时间分别为 250 s，480 s，840 s，1020 s 和 1140 s（图 2.44），因此通过研究以上时间点的温度场演化规律来分析矿物结构对岩石温度场演化规律的影响。在矿物结构中，选择 5 条穿过不同矿物边界的路径（图 2.45），通过研究这 5 条路径上的温度梯度分布及演化规律，分析矿物结构对温度场演化规律的影响。

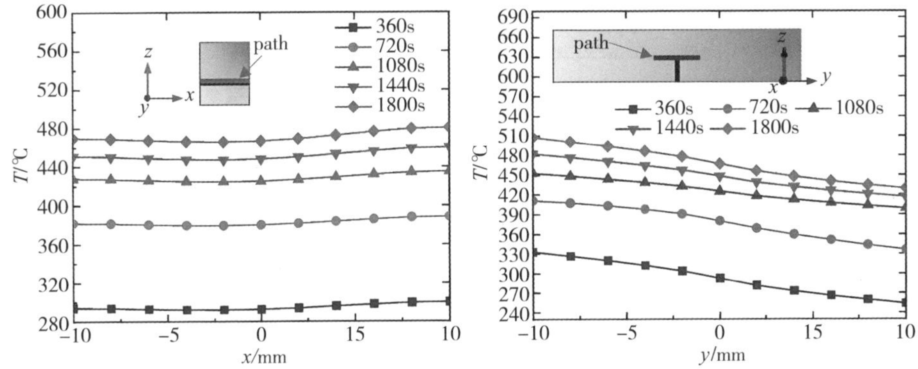

图 2.43　微波电磁场中岩石初始缺陷顶端附近温度场分布演化规律

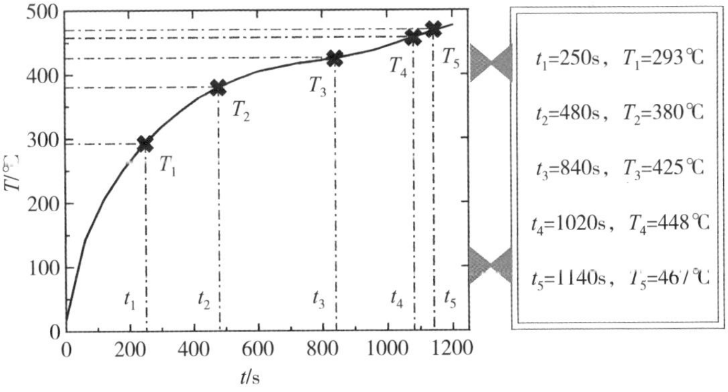

图 2.44　岩石试样初始缺陷顶端中点温度演化规律

由图 2.46 可知，在照射时间小于 840 s 前，矿物之间的温度梯度随着照射时间的增加而减小，当照射时间超过 1020 s 时，温度梯度随着照射时间增加显著增加。可能的原因是，温度梯度分布是单相矿物的升温速率及相邻矿物之间的热传导协同作用的结果，基于单相矿物在微波照射下的加热特征研

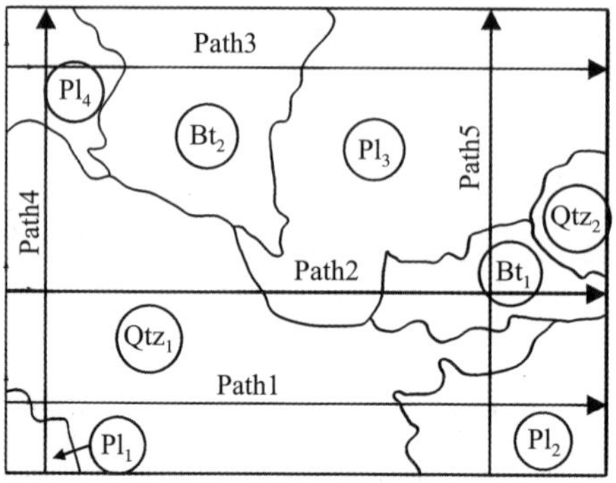

图 2.45　多相矿物结构电磁-热-力多场耦合响应特征研究的路径选择

究结果，在照射初期（$t \leqslant 840$ s），各矿物升温速率较快，矿物之间的热传导随之增大，导致温度梯度随照射时间增加而减小；当照射时间进一步增加（$t > 1020$ s），单相矿物升温速率减缓，矿物之间的温度梯度相对较小，热传导随之减少，促使矿物之间的温度梯度开始随着照射时间的增加而增大。

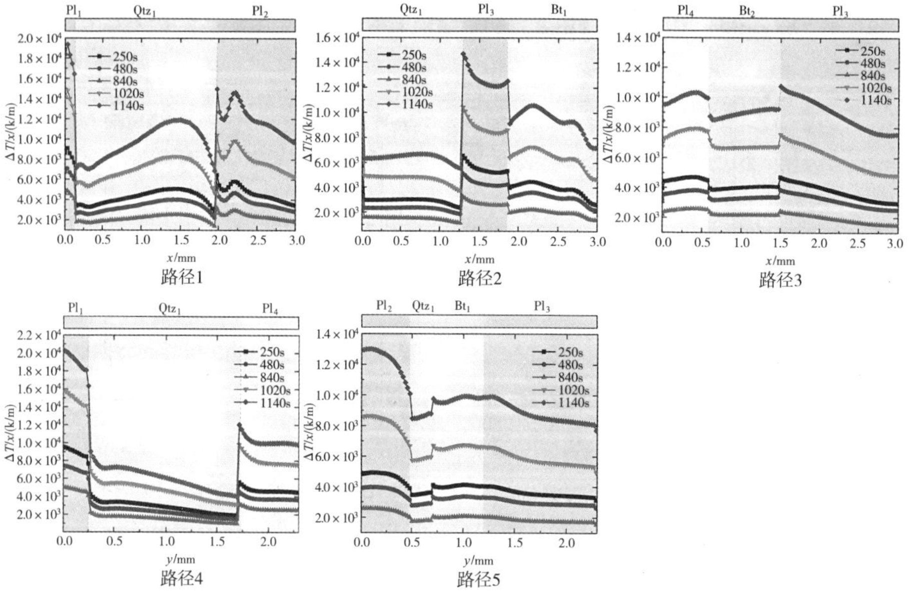

图 2.46　微波电磁场中多相矿物结构中温度梯度分布演化规律

图 2.45 中路径 1~4 穿过了 2 种矿物界面，路径 5 穿过了 3 种矿物界面，结合图 3.26 可知，在矿物界面处温度梯度会发生突变，而温度梯度的最大值

并不一定在异相矿物界面处产生。路径 1 穿过了两种不同形态的 Pl-Qtz 界面，温度梯度最大处位于 Pl_1 内部，照射时间为 1140 s 时，其温度梯度值为 19342 K/m。在 Pl_1-Qtz_1 界面，在照射时间为 250~1140 s 范围内，各时间点对应的温度梯度分别为 7702 K/m，6005 K/m，4080 K/m，12410 K/m 和 16431 K/m；在 Qtz_1-Pl_2 界面，对应的温度梯度变为 6495 K/m，5154 K/m，3196 K/m，10435 K/m 和 14986 K/m。通过对比两个界面处同一微波照射条件下的温度梯度可知，界面形貌对温度梯度分布有显著影响。

路径 2 经过 Qtz_1-Pl_3 和 Pl_3-Bt_1 界面，最大温度梯度在 Qtz_1-Pl_3 界面产生，温度梯度值与路径 1 在 Qtz_1-Pl_2 界面产生的温度梯度值接近。路径 3 经过两种不同形态的 Pl-Bt 界面，且温度梯度最大值产生的位置主要是 Pl_4 内部或者 Bt_2-Pl_3 界面，随着照射时间改变而发生变化，这是由于斜长石与黑云母之间的微波加热速率相近，升温过程中由于热物理性能参数随温度的变化对温度梯度分布规律影响相对较大所致。此外，沿路径 3 产生的温度梯度最大值小于路径 1 和 2 的温度梯度最大值。路径 4 同样穿过两种不同形态的 Pl-Qtz 界面，其温度梯度分布与路径 1 具有相似性，其温度梯度最大值同样产生于 Pl_1 内部，在 1140 s 时达到 20333 K/m，且大于路径 1 中的温度梯度最大值，可推断在整个矿物结构中，Pl_1 内部的温度梯度较大。

路径 5 穿过了 3 种矿物界面，Pl_2-Qtz_1，Qtz_1-Bt_1 和 Bt_1-Pl_3，Bt_1-Pl_3 界面的温度梯度值与路径 3 中 Pl-Bt 界面温度梯度值相似，而由于黑云母和斜长石微波加热速率相近，Pl_2-Qtz_1 和 Qtz_1-Bt_1 界面的温度梯度相差较小。最大温度梯度出现在 Pl_2 内部，且该最大值大于路径 3 中温度梯度最大值，沿路径 3 的温度梯度最大值是研究的所有路径中最小的。

微波电磁场中岩石温度梯度演化与矿物结构、加热效率以及矿物间的热传导相关，在不同矿物界面处，温度梯度会发生突变，且在微波加热效率有显著差异的不同矿物界面处，可产生更大的温度梯度。然而，温度梯度的最大值并不一定产生于不同矿物界面处，通过对比不同路径中的温度梯度分布规律可知，最大温度梯度发生于 Pl_1 内靠近矿物结构外边界处，且在功率一定时，温度梯度的最大值随着照射时间的增加而增大。

2.5.2 多相矿物结构对应力场分布演化规律的影响

在岩石的多相矿物结构失效分析中，由拉应力导致的Ⅰ型裂纹扩展通常先于其他类型的裂纹扩展发生，进而导致岩石损伤演化及断裂破坏，当第一主应力为拉应力时，即为三个主应力分量中的最大拉应力分量，Ⅰ型裂纹扩展首先由第一主应力产生，因此研究第一主应力 σ_{f1}（Pa）在矿物结构中的分布演化规律。

基于图 2.45 中的路径选取和相应的温度场分布及演化规律研究结果，得到矿物结构影响下的岩石应力场分布演化规律如图 2.47 所示，其中微波功率仍设定为 5 kW。第一主应力的最大值发生在相邻两相矿物的界面处或矿物外边界处，应力最大值随着照射时间的增加而增加。沿路径 1 斜长石矿物中的应力均为拉应力，石英中的应力与斜长石中的应力相比可忽略，此外，石英中的应力随着照射时间增加在拉应力与压应力之间波动。路径 1 中的最大应力值产生于 Qtz_1–Pl_2 界面，在微波照射时间由 250 s 增加到 1140 s 的过程中，最大应力值由 110 MPa 增加到 180 MPa。

沿路径 2，斜长石与黑云母中的应力均为拉应力，石英中的应力分布与路径 1 中相似，应力最大值产生于 Qtz_1–Pl_3 界面，当照射时间为 1140 s 时，其值为 126 MPa，小于路径 1 中的应力最大值。斜长石中的应力沿路径 3 大于黑云母中的应力，且路径 3 中的最大应力值产生于 Pl_3 外边界处，经过 1140 s 照射后为 69 MPa。路径 4 与路径 1 均穿过 2 种 Pl–Qtz 界面，应力场分布与演化规律相似，应力最大值在 1140 s 时达到 105 MPa，产生于 Qtz_1–Pl_4 界面。应力场分布沿路径 5 相对更加复杂，应力在石英内部仍然最小，应力最大值产生于 Pl_3 外边界处，照射 1140 s，其值为 68 MPa，与路径 3 中应力最大值接近。

微波电磁场穿透多相岩石矿物时，各矿物间产生温度梯度，由此产生不同程度的矿物热膨胀变形，这种变形受到矿物界面结合的约束而不能自由发生，从而产生热应力。通过对比温度梯度和第一主应力演化规律可知，在矿物热膨胀变形的影响下，最大温度梯度发生的位置与主应力最大值产生的位置不完全相同，如最大温度梯度沿路径 1 和 4 均在 Pl_1 内部，而应力最大值在 Pl-Qtz 界面，虽然最大温度梯度和第一主应力最大值沿路径 3 和 5 均在斜长石内部，但是具体位置有区别。各路径下石英矿物中的温度梯度最小，产生的主应力值也最小。

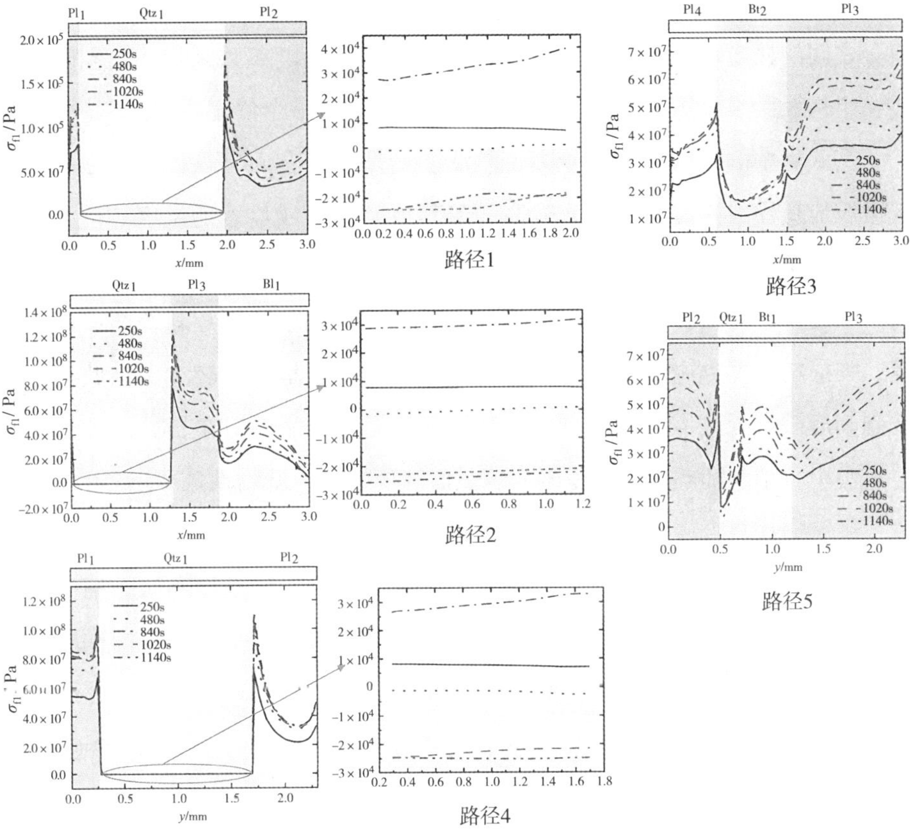

图 2.47　微波电磁场中多相矿物结构中应力场分布演化规律

2.6　本章小结

通过对两种岩石试样及其主要矿物成分开展介电耗散性能研究，探讨了矿物组构对岩石介电响应特征的影响。对于我们所研究的微波频率 2.45 GHz 来说，大多数矿物如斜长石、钾长石、橄榄石和辉石，其介电常数的范围为

5.49～7.03，损耗因子的范围为0.006～0.196，属于一般损耗介质；石英的介电性能与以上矿物相比较弱，其介电常数的范围为2.82～4.81，损耗因子的范围为0.013～0.02，属于弱损耗介质；黑云母的介电性能强于一般损耗介质，属于较强损耗介质；而金属矿物如磁铁矿和钛铁矿介电常数及损耗因子分别为3.75～71.2和0.24～11.6，属于微波极强损耗介质。岩石与主要矿物成分之间的介电性能关系可以通过矿物的含量及介电参数来描述，同时受到矿物组构及微裂纹等的影响，此关系模型中还包含一个修正系数。

玄武岩中的磁铁矿含量较高，微波能量作用于玄武岩试样时，磁铁矿损耗微波能量导致内部温度瞬时升高，与其他矿物形成显著的温度梯度，在微波加热实验结束时，发现玄武岩表面持续上升一段时间后才下降，表明岩石内部存在持续的热传导行为；花岗岩试样中，相比于极弱损耗介质矿物，石英，强损耗矿物为磁铁矿和黑云母，但是磁铁矿含量相对较少，因此由磁铁矿到其他矿物的热传导对整个岩石试样的升温规律影响有限，微波加热花岗岩实验中，结束加热后，未发现实验表面温度持续上升的现象。

微波加热复合矿物结构岩石模型研究表明，微波功率和时间的增加会导致不同位置处温度梯度和应力值的增大，对于整体温度梯度和应力场分布规律无影响。强损耗介质矿物含量、热传导性能、热膨胀系数对温度梯度和应力场分布规律具有显著影响，其中热传导性能对于温度场分布规律的影响具有尺度效应，即模型尺寸越大，热传导性能对温度场分布规律的影响越明显。此外，微波热致应力场径向分量主要受强损耗介质矿物热膨胀性能的影响，而切向分量受到强、弱损耗介质矿物热膨胀性能的协同影响。

多相矿物岩石电磁-热-力多场耦合模型中，由于受到电场强度分布、矿物介电性能、热传导等多因素影响，前期当照射时间小于840 s时，矿物之间的温度梯度随着照射时间的增加而减小；当照射时间超过1020 s时，温度梯度随着照射时间增加显著增加。多相矿物中，最大温度梯度和热应力均产生于斜长石-石英界面，而温度梯度和应力最小值均在石英矿物中产生，但是应力峰值与温度梯度峰值产生的具体位置是不同的。

第 3 章　微波热致岩石细观损伤演化机理

岩石材料在宏观断裂出现之前，已经有许多微裂纹和微孔隙存在，将岩石中这些微观缺陷的出现和发展称为损伤[147]。在微波加热复合矿物结构岩石模型中温度场、应力场分布演化规律研究成果的基础上，进一步考虑岩石中初始裂纹分布特征的影响，通过在强、弱损耗介质矿物界面选取代表性体积单元（RVE），从微波能量作用下岩石内部裂纹扩展过程的能量转换原理出发，研究 RVE 中随着微波能量参数变化的群裂纹扩展行为，探讨微波热致岩石细观损伤演化机理。

3.1　均匀电磁场中岩石的裂纹扩展规律

3.1.1　理论模型建立

如图 3.1 所示，假设单位体积的均匀岩石材料四周固定，经过微波瞬时加热后又骤然冷却，则在岩石四周产生均匀拉力。根据式（1.3），微波穿透均匀岩石过程中，岩石通过耗散储存于自身中的微波能量密度 W（J/m^3）为：

$$W = P_d \Delta t \tag{3.1}$$

当耗散储存的微波能量全部转换为热量使岩石整体温度升高时，升高的温度 ΔT（℃）可由以下公式计算[148]：

$$\Delta T = W/\rho C_p \tag{3.2}$$

假设：（1）币形裂纹均匀分布于岩石模型内部，且每个裂纹的应力状态

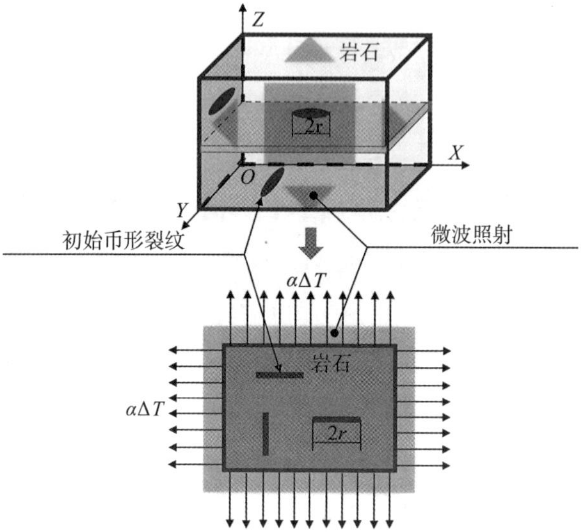

图 3.1 微波热致均匀岩石裂纹扩展模型

不受周围裂纹的影响；（2）所有裂纹初始半径相同，并且同时沿径向扩展。单位体积岩石内部所包含的总能量 U（J/m^3）由弹性应变能 U_E 和裂纹表面能 U_S 两部分组成：

$$U = U_E + U_S \tag{3.3}$$

根据微波能量作用下岩石的热膨胀变形及引起的热应力可得到岩石中的弹性应变能为：

$$U_E = 3\zeta^2 E_{eff} / [2(1-2\mu)] \tag{3.4}$$

式中，ζ（$\zeta = \alpha\Delta T$）为岩石热膨胀变形，E_{eff}（Pa）为岩石有效弹性模量。

已有研究表明受力物体中裂纹的出现相当于物体杨氏弹性模量的折减[149]。包含初始裂纹岩石的有效弹性模量 E_{eff} 与无裂纹岩石的弹性模量 E_0 满足如下关系：

$$E_{eff} = \frac{E_0}{\left(1 + \frac{16(1-\mu^2)Nl^3}{9(1-2\mu)}\right)} \tag{3.5}$$

式中，N（$1/m^3$）为该单位体积岩石中包含的裂纹数目，l（mm）为币形裂纹的半长。

因为单条裂纹具有两个自由面，包含的表面能为：

$$U_S = 2\pi l^2 \gamma_S N \tag{3.6}$$

式中，γ_S（J/m^2）为单位裂纹面积所具有的表面自由能。

将式（3.2）代入式（3.4），并结合式（3.6）与式（3.3），得到岩石试样的总能量密度为：

$$U = \frac{3(\alpha W)^2 E_{eff}}{2(\rho C_p)^2(1 - 2\mu)} + 2\pi l^2 \gamma_S N \tag{3.7}$$

根据 Griffith 断裂理论，裂纹产生不稳定扩展的临界条件为[148]：

$$dU/dl = 0 \tag{3.8}$$

将式（3.5）和式（3.7）代入式（3.8）中，整理得到均匀岩石中裂纹发生扩展所需的临界微波能量密度为：

$$W_C = (1 - 2\mu)\,[2M(1 - \mu^2)\,l]^{-1/2}\left[1 + \frac{16(1 - \mu^2)\,Nl^3}{9(1 - 2\mu)}\right] \tag{3.9}$$

式中，$M = \alpha^2 E_0/(\rho^2 C_p^2 \pi \gamma_s)$ 。

3.1.2 裂纹扩展的临界微波能量

基于式（3.9）可得到初始裂纹特征（长度、密度）对裂纹扩展所需的临界微波能量的影响规律。如图 3.2 所示，为了展现裂纹扩展的全过程，采用对数坐标，纵坐标为等效微波能量密度 W_{eff}（$W_{eff} = W_C[2M(1 - \mu^2)/(1 - 2\mu)^2]^{1/2}$），其中泊松比 μ 取值 0.2。在微波照射下，不同密度的裂纹扩展规律一致。以曲线为界，在其下方微波能量吸收小于裂纹扩展所需的临界值，即不会导致裂纹扩展，因此为稳定区域；在其上方微波能量吸收大于裂纹扩展所需的临界值，裂纹发生扩展，称为不稳定区域。

将图 3.2 中 V 形曲线的最低点所对应的裂纹半长用 l_m 表示，当裂纹密度 $N = 1\ mm^{-3}$ 时，$l_m = 0.41$ mm；$N = 10\ mm^{-3}$ 时，$l_m = 0.19$ mm；$N = 100\ mm^{-3}$ 时，$l_m = 0.09$ mm，l_m 的值随裂纹密度的增多而减小，裂纹扩展所需的临界微波能

量增大。以 l_m 为界，将 $l < l_m$ 的裂纹称为“短裂纹”；将 $l > l_m$ 的裂纹称为“长裂纹”。对于短裂纹，$16(1-\mu^2)Nr^3/[9(1-2\mu)] \ll 1$，则式（3.9）可化简为：

$$W_C = (1-2\mu)\ [2M(1-\mu^2)\ l]^{-1/2} \tag{3.10}$$

式（3.10）描述了图 3.2 中 V 形曲线的左半部分，可以看出短裂纹扩展行为不受裂纹密度的影响。

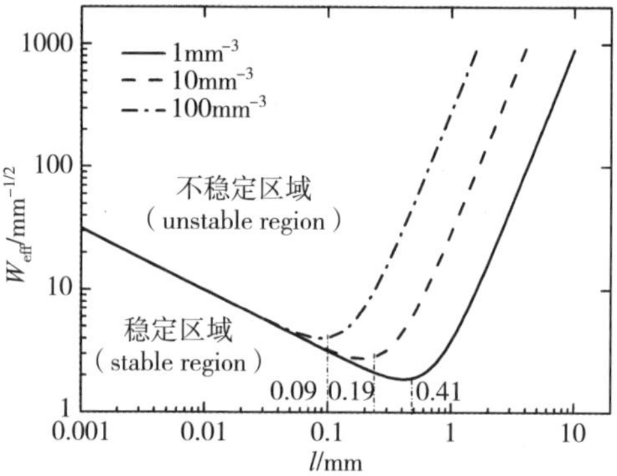

图 3.2　初始裂纹长度及密度对裂纹扩展行为的影响规律

通过图 3.2 我们还可以发现，同一微波能量值同时对应着短、长两个裂纹长度值，说明短裂纹一旦起裂，会迅速扩展至对应长裂纹的长度，且在此过程中有多余的微波能量转换为增加裂纹扩展速率的动能[150]，且驱使短裂纹达到相应长度的长裂纹时进一步扩展，直至动能也全部转换成裂纹表面能。若裂纹初始长度为 l_0，动态扩展后最终达到的裂纹长度为 l_f，基于能量守恒准则，裂纹发生扩展时的总能量（U_0）和扩展至最终状态时的能量（U_f）相等：

$$U_0 = U_f \tag{3.11}$$

将初始状态和扩展最终状态的弹性模量及裂纹表面能代入式（3.7），之后代入式（3.11），得到：

$$\frac{3(\alpha W)^2(E_{eff}^0 - E_{eff}^f)}{2(\rho C_p)^2(1-2\mu)} = 2N\pi\gamma_S(l_f^2 - l_0^2) \tag{3.12}$$

式中，E_{eff}^{0}、$E_{\mathrm{eff}}^{\mathrm{f}}$（Pa）分别为岩石初始、最终有效弹性模量。

基于式（3.12），得到岩石中初始短裂纹动态扩展规律如图 3.3 所示。初始长度为 l_0 的裂纹在微波能量输入为 W_1 时起裂，瞬间扩展到最终长度 l_{f}，此时裂纹继续扩展所需的临界微波能量为 W_2，即在微波能量由 W_1 增加到 W_2 的过程中，裂纹不发生扩展，处于亚临界状态，而当微波能量输入达到 W_2 时，裂纹长度随着微波能量的输入稳定增加，保持准静态扩展直至引起岩石的宏观断裂失效。值得注意的是，随着短裂纹动态扩展，岩石中积聚的能量瞬间释放，脆性岩石非常容易在这个过程中突发宏观断裂失效。

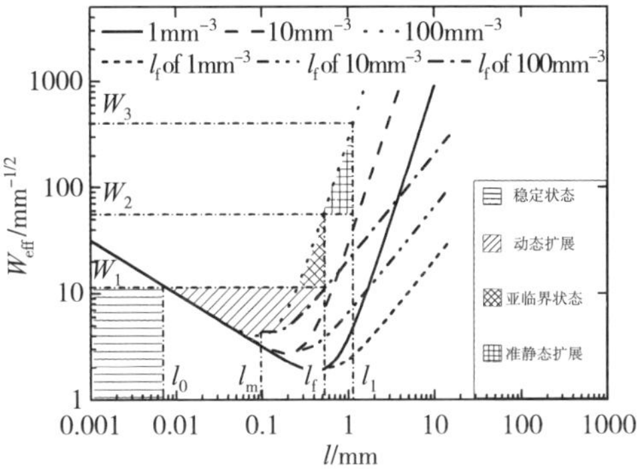

图 3.3　微波能量作用下短裂纹动态扩展规律

对于初始长裂纹，当微波能量输入达到裂纹起裂条件时，裂纹长度随着微波能量增加稳定伸长，整个过程都保持准静态扩展方式。当裂纹初始长度固定时，裂纹密度越大，裂纹起裂所需的临界微波能量越多。

3.1.3　基于裂纹扩展规律的岩石强度劣化规律预测

根据微波照射下岩石内部裂纹扩展规律理论模型可以定性预测岩石宏观强度折减规律。假设岩石内部的初始裂纹为短裂纹，裂纹长度为 l_0，裂纹密度为 100 mm^{-3}，裂纹起裂所需吸收的微波能量为 W_1，因此当吸收的微波能量处于 $0 < W < W_1$ 的范围时，裂纹处于稳定状态，可以用图 3.4（a）中的 AB 段表示，此时岩石强度不发生变化，对应于图 3.4（b）中的 AB 段；当 $W =$

W_1，裂纹动态扩展发生后，裂纹长度由 l_0 瞬间扩展到 l_f，可由图 3.4（a）中的 BC 段表示，相应地，岩石强度由 S_0 骤降到 S_1，如图 3.4（b）中的 BC 段所示；此时，裂纹扩展所需的临界微波能为 W_2，当 $W_1 < W < W_2$，裂纹处于亚临界状态，裂纹长度和岩石强度均保持不变，分别对应于图 3.4（a）（b）中的 CD 段；当 $W > W_2$，裂纹沿 V 形曲线的右半部分发生准静态扩展，随着裂纹长度连续增加，岩石强度连续下降，分别如图 3.4（a）（b）中的 DF 段所示。

如果岩石试样包含的初始裂纹为长裂纹，当微波能量小于初始裂纹扩展所需的临界值时，裂纹处于稳定状态，如图 3.4（c）中 AB 段所示，相应的岩石强度也保持不变，如图 3.4（d）中 AB 段所示。裂纹开始扩展后，始终沿 V 形曲线以准静态的方式扩展，如图 3.4（c）中 BC 段所示，相应的岩石强度随微波能量吸收的增加而连续下降，其演化规律如图 3.4（d）中 BC 段所示。

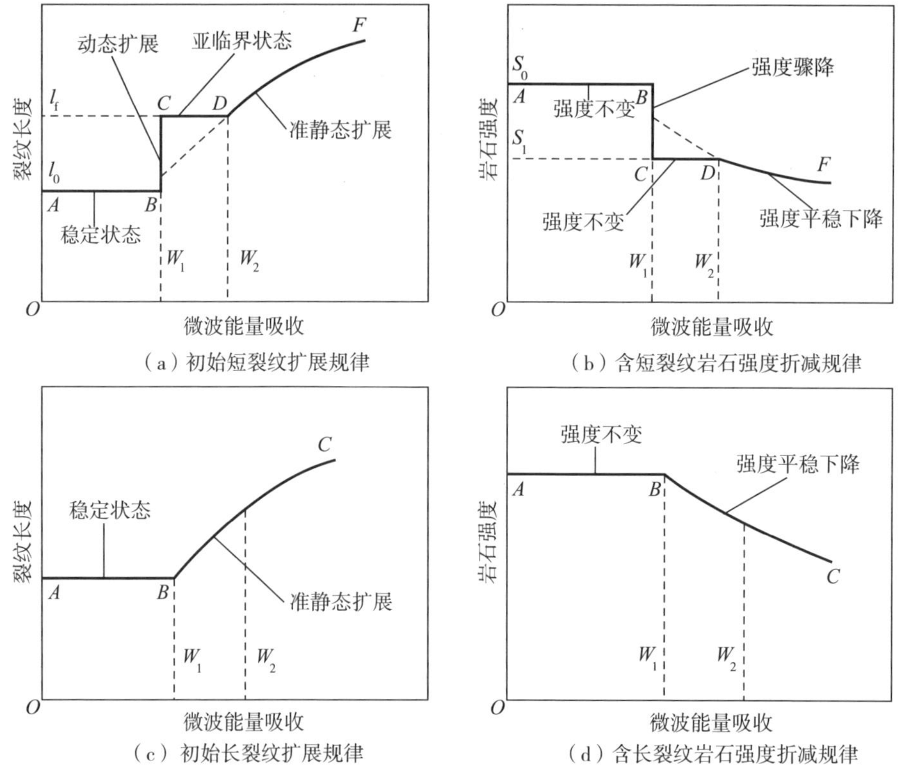

（a）初始短裂纹扩展规律

（b）含短裂纹岩石强度折减规律

（c）初始长裂纹扩展规律

（d）含长裂纹岩石强度折减规律

图 3.4　初始裂纹长度对岩石强度折减规律的影响

3.1.4　理论模型结果验证

基于式（3.1）和式（3.9），可以得到微波功率一定时，岩石内部裂纹扩展所需的临界微波照射时间为：

$$\Delta t_{\mathrm{C}} = (1-2\mu)\left[2P_{\mathrm{d}}^{2}M(1-\mu^{2})\,l\right]^{-1/2}\left[1+\frac{16(1-\mu^{2})Nl^{3}}{9(1-2\mu)}\right] \quad (3.13)$$

当 $P_{\mathrm{d}}=5$ kW，10 kW，15 kW 时，由式（3.13）得到的临界微波照射时间随初始裂纹长度和微波功率的变化规律如图 3.5 所示，纵坐标对照等效微波能量的概念，采用等效照射时间 Δt_{eff}（$\Delta t_{\mathrm{eff}} = \Delta t_{\mathrm{C}}\left[2M(1-\mu^{2})/(1-2\mu)^{2}\right]^{1/2}$）。对于初始长度一定的裂纹，微波功率越大，其发生失稳扩展所需的微波照射时间越短，裂纹扩展速率越快，相应的岩石强度折减速率越大。基于图 3.5 预测的岩石强度折减规律与已有文献[92]中铅锌矿的微波加热实验结果具有一致性。如图 3.6 所示，不同功率下岩石强度下降规律与初始裂纹特征相关。在照射功率为 10 kW 时，加热时间由 Δt_1 增加到 Δt_2，矿物强度基本不变。该现象可以通过裂纹扩展的理论模型来解释，可以判断矿物中包含的初始裂纹为短裂纹，当加热时间由 0 增加到时 Δt_1，在此过程中，当微波能量达到裂纹扩展的临界值之后，裂纹发生动态扩展，矿物的点荷载强度由 4.50 MPa 瞬间下降到 2.50 MPa，此时裂纹扩展所需的临界微波照射时间为 $\Delta t_1'$；之后加热时间由 Δt_1 增加到 Δt_2 时，由于 $\Delta t_2 < \Delta t_1'$，裂纹处于亚临界状态，因此矿物强度保持不变，加热时间由 Δt_2 增加到 Δt_3 时，裂纹发生准静态扩展，矿物强度连续下降。微波照射功率为 10 kW 时，由于初始裂纹为长裂纹，裂纹以准静态的方式扩展，宏观表现为铅锌矿强度连续下降。当照射功率为 15 kW 时，照射时间超过 Δt_1 之后，矿物发生熔融，使其强度折减规律发生改变。

图 3.7 为苏长岩和玄武岩在微波能量作用下的强度劣化规律实验结果[21]，对于苏长岩，微波照射时间为 10 s 时，岩石强度下降存在一个平台期，当功率超过 3 kW 时，岩石强度才随着功率的增加而连续下降，即在功率小于 3 kW 时，微波能量输入不能达到初始裂纹扩展所需的临界条件，同样的现象也存

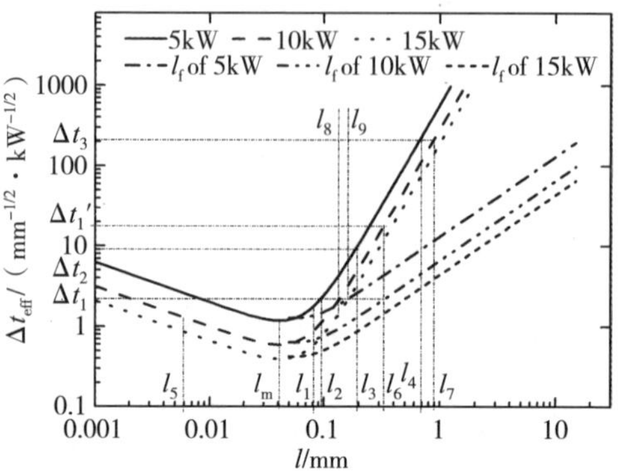

图 3.5　微波照射时间对岩石裂纹扩展规律的影响

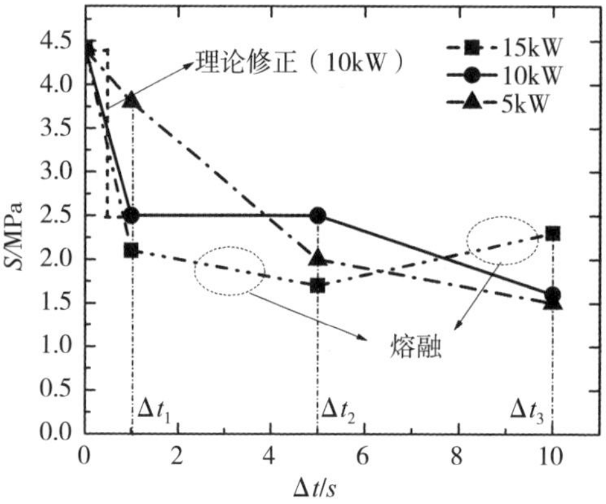

图 3.6　基于裂纹扩展规律预测的岩石宏观强度折减规律实验验证

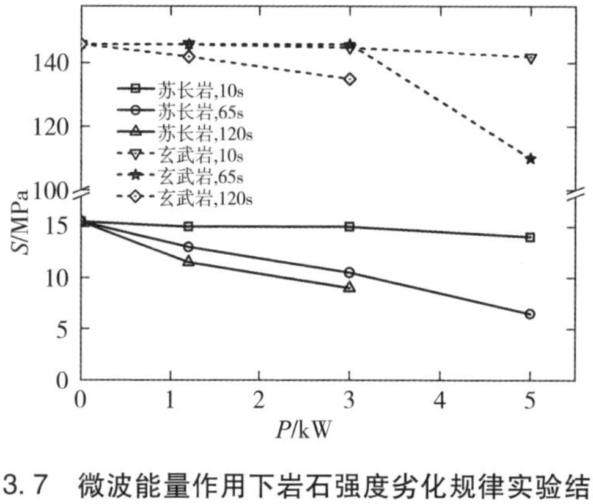

图 3.7　微波能量作用下岩石强度劣化规律实验结果

在于 10 s，65 s 照射下的玄武岩。对于其他照射时间下的岩石试样，微波功率超过 1 kW 时即可达到裂纹扩展所需的临界能量，随着微波功率继续增加，岩石强度发生连续下降。

3.2　复合矿物结构岩石中裂纹扩展规律

3.2.1　裂纹扩展理论模型建立

基于第 2 章中所建立的复合矿物岩石模型，考虑矿物结构与裂纹初始特征的协同影响，进一步研究复合矿物模型中裂纹扩展行为特征。复合矿物模型在微波场中产生的应力场分布规律研究结果表明，强损耗介质矿物受到各向均匀的压应力，相比于可产生拉应力的异质矿物界面及界面附近的弱损耗矿物内部，发生裂纹扩展的概率较小。因此重点研究强-弱损耗介质矿物界面及附近弱损耗矿物内部的裂纹扩展行为。

将式（2.10）代入式（2.30）和式（2.31），结合式（2.35），可得弱损耗矿物的切向和径向应变分量分别为：

$$
\begin{aligned}
\varepsilon_{r2} &= \frac{1+\mu}{1-\mu}\cdot\alpha_2 T_2 + \frac{2(1-2\mu)}{r_2^3}\cdot[\alpha_1\Lambda_1(t)+\alpha_2\Lambda_2(t)] \\
&\quad - \frac{2(1+\mu)}{r^3}\cdot[\alpha_1\Lambda_1(t)+\alpha_2\Lambda_2(r,\ t)] \\
\varepsilon_{t2} &= \frac{2(1-2\mu)}{r_2^3}\cdot[\alpha_1\Lambda_1(t)+\alpha_2\Lambda_2(t)] + \frac{1+\mu}{r^3}\cdot[\alpha_1\Lambda_1(t)+\alpha_2\Lambda_2(r,\ t)]
\end{aligned}
\tag{3.14}
$$

基于式（3.14），结合球体模型中的应力场函数［式（2.36）］，可得到应变能密度 v_ε（J/m^3）的表达式为：

$$
v_\varepsilon = \frac{1}{2}(\sigma_{r2}\cdot\varepsilon_{r2}) + \sigma_{t2}\cdot\varepsilon_{t2} \tag{3.15}
$$

基于式（3.5），考虑微裂纹体积对岩石弹性模量的影响，微裂纹岩石中的应力分量与无裂纹岩石的应力分量关系为：

$$\sigma'_{r2} = \sigma_{r2} \Big/ \left[1 + \frac{16(1-\mu^2)Nl^3}{9(1-2\mu)}\right]$$

$$\sigma'_{t2} = \sigma_{t2} \Big/ \left[1 + \frac{16(1-\mu^2)Nl^3}{9(1-2\mu)}\right] \tag{3.16}$$

微裂纹岩石与无裂纹岩石的应变分量相同，则考虑初始裂纹影响的岩石应变能密度变为：

$$v'_{\varepsilon} = v_{\varepsilon} \Big/ \left[1 + \frac{16(1-\mu^2)Nl^3}{9(1-2\mu)}\right] \tag{3.17}$$

微裂纹岩石的总能量密度为：

$$U_{\mathrm{T}} = v'_{\varepsilon} + U_{\mathrm{S}} \tag{3.18}$$

式中，U_{S} 为裂纹表面能，其计算方法同式（3.6）。基于式（3.8）中的裂纹扩展临界条件，得到复合矿物岩石模型中，强-弱介质矿物界面处的裂纹发生扩展所需的临界应变能为：

$$v_{\varepsilon c} = \frac{3\pi\gamma_{s}(1-2\mu)}{4(1-\mu^2)l} \cdot \left[1 + \frac{16(1-\mu^2)Nl^3}{9(1-2\mu)}\right]^2 \tag{3.19}$$

3.2.2 复合矿物结构岩石裂纹扩展规律

对于玄武岩复合矿物球体模型，基于式（3.19），得到玄武岩中强-弱损耗介质矿物界面处（$r = r_1$）的应变能密度在不同功率照射下随时间的演化规律，如图3.8所示，因为玄武岩在3 kW，4 kW，5 kW 功率照射下发生宏观断裂破坏的时间均接近60 s，因此选取研究的时间范围是60 s。考虑到应变能密度随微波能量参数变化的幅度较大，纵坐标采用对数坐标。

由图3.8可以发现，虽然磁铁矿-斜长石异质界面处的应变能密度随着照射功率和时间在持续增加，但是增长速率不同，显示出岩石在微波场中的能量转换效率也是实时变化的。在最初10 s的照射时间内，在各功率下达到的应变能密度分别为 1.05×10^4 J/m^3（$P=2$ kW）；5.28×10^4 J/m^3（$P=3$ kW）；1.09×10^5 J/m^3（$P=4$ kW）以及 1.97×10^5 J/m^3（$P=5$ kW）。继续增加照射时间到 20 s 时，各功率应变能密度相对于 10 s 时的增长量分别为：3.67×10^4 J/m^3（$P=2$ kW）；1.84×10^5 J/m^3（$P=3$ kW）；3.81×10^5 J/m^3（$P=4$ kW）；6.88×10^5 J/m^3（$P=5$ kW）。可见在照射时间由 10 s 增加到 20 s 的过程中，应变能密度增长量大于初始 10 s 照射时间内的增长量。在所研究的时间范围内，可以发现微波能量向应变能转化的效率随着时间和功率的增加而增加，且当功率由 2 kW 增加到 3 kW 时，能量转换效率提高最明显。

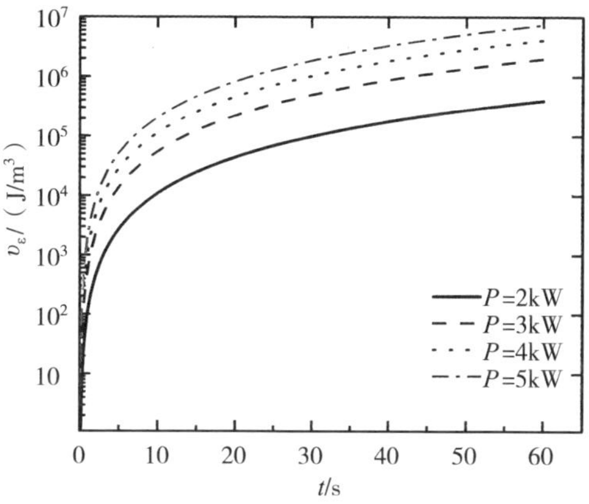

图 3.8　玄武岩耗散微波能量积聚应变能过程

在弱损耗介质矿物斜长石内部，微波能量参数对不同位置损耗微波能量转换为应变能的效率影响如图 3.9 所示。当照射功率为 3 kW 时，半径由 0.0021 m 增加到 0.0031 m 时，应变能密度在各照射时间（40 s，50 s，60 s）的下降量分别为：7.68×10^5 J/m^3，1.20×10^6 J/m^3，1.73×10^6 J/m^3。而半径由 0.0031 m 增加到 0.0041 m 的过程中，对应的应变能密度下降量分别为：8.03×10^4 J/m^3，1.25×10^5 J/m^3，1.80×10^5 J/m^3。

对玄武岩进行微波加热 60 s 后，应变能密度随着半径的增加连续减小，随着微波功率的增加而增加。在 0.0021～0.0031 m 的范围内，各功率的下降量分别为：3.44×10^5 J/m^3（$P=2$ kW）；1.73×10^6 J/m^3（$P=3$ kW）；3.58×10^6 J/m^3（$P=4$ kW）；6.47×10^6 J/m^3（$P=5$ kW）。在 0.0031～0.0041 m 的范围内，相同功率下的应变能密度下降量分别为：3.57×10^4 J/m^3，1.80×10^5 J/

m^3，3.70×10^5 J/m^3，6.67×10^5 J/m^3。

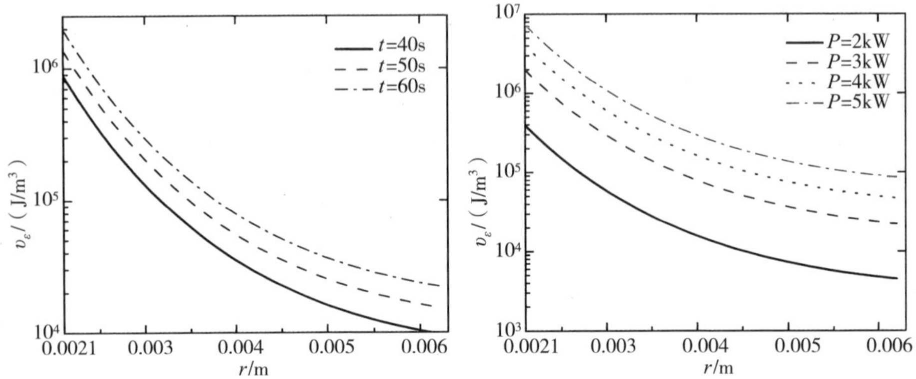

(a) P=3kW　　(b) t=60s

图 3.9　玄武岩斜长石中积聚的应变能密度分布规律

以上结果表明，强-弱损耗介质矿物界面处的能量转化效率最高，对于弱损耗介质矿物斜长石，在远离强损耗介质矿物的过程中，能量转换效率逐渐下降，但是下降的梯度是减小的，在所研究的微波能量参数范围内，玄武岩中总体的能量转换效率随着微波能量持续输入而增加。

基于玄武岩中微波能向应变能转化的效率研究，进一步研究由应变能向裂纹表面能转换的过程。斜长石中形成单位面积的自由裂纹面所需的能量为 2.739 J，即 γ_s = 2.739 J/m^2[151]。根据式（3.19），得到玄武岩中应变能向裂纹表面能转换过程中，裂纹长度的伸长规律。如图 3.10（a）所示，与均匀岩石中的裂纹扩展行为类似，玄武岩中基于应变能释放得到的裂纹扩展行为，也存在一个裂纹长度特征值 l_c，该长度值对应的裂纹起裂所需的应变能最小。当裂纹密度分别为 10^{10} m^{-3}，10^{11} m^{-3}，$10^{12}m^{-3}$ 时，裂纹特征长度分别为：1.88×10^{-4} m，8.72×10^{-5} m，4.04×10^{-5} m，可见裂纹特征长度随着裂纹密度的增加而减小，但是减小的幅度也在下降。

当初始裂纹长度足够小时，起裂所需的应变能密度不受裂纹密度的影响。对比均匀岩石中裂纹扩展行为，可发现复合矿物模型中，初始短裂纹扩展过程仍可产生动能。如图 3.10（b）所示，对于同一长度的初始裂纹，裂纹发

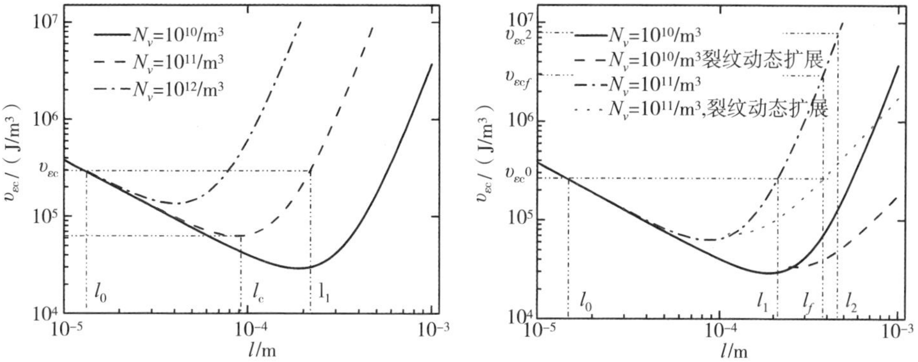

（a）裂纹总体扩展规律　　（b）裂纹动态扩展规律

图 3.10　玄武岩裂纹扩展的应变能释放规律

生动态扩展的最终长度随着裂纹密度的增加而减小，由于低密度裂纹可动态扩展至更长的长度，裂纹再次起裂所需的能量增加，大于高密度状态时裂纹再次起裂所需的能量。

结合复合矿物模型中应变能密度分布规律与应变能向裂纹表面能的转换过程，可以推断在磁铁矿-斜长石界面处，初始裂纹特征一定的情况下，裂纹最先发生扩展，之后随着微波能量持续输入，斜长石内部积聚的应变能达到初始裂纹起裂所需的临界条件时，随之也产生裂纹扩展，各裂纹在扩展过程中可能互相连接、贯通形成裂纹网络，裂纹网络发展到一定程度导致岩石宏观断裂。

在复合矿物模型温度场和应力场演化规律研究中，针对花岗岩中主要矿物成分的介电性能差异，建立了磁铁矿-石英以及黑云母-石英两种复合矿物模型，我们分别研究这两种复合矿物模型中的能量转换及裂纹发展特征，并与玄武岩中的裂纹发展特征进行对比，探讨矿物种类对岩石裂纹扩展行为的影响。

磁铁矿-石英以及黑云母-石英异相矿物界面处，伴随强损耗介质矿物的微波能量耗散，应变能积聚过程如图 3.11 所示，由于磁铁矿在 5 kW，120 s 照射下发生熔融，因此将研究的照射时长定为 120 s。对于磁铁矿-石英复合矿物组合，随着微波能量输入，应变能积聚速率 $d\nu_\varepsilon$（$J \cdot m^{-3} \cdot s^{-1}$）如表 3.1

中所列。当照射功率为 2 kW 时，应变能密度增长速率随着照射时间的增加持续增加；功率为 3 kW 时，在 0~90 s 的照射时间内，应变能增长速率随着照射时间的增加而增加，但是在 90~120 s 时，其增长速率明显减小；而在功率为 4 kW 和 5 kW 时，增长速率的变化规律都是在 0~60 s 增加，在 60~90 s 减小，之后又在 90~120 s 增大。

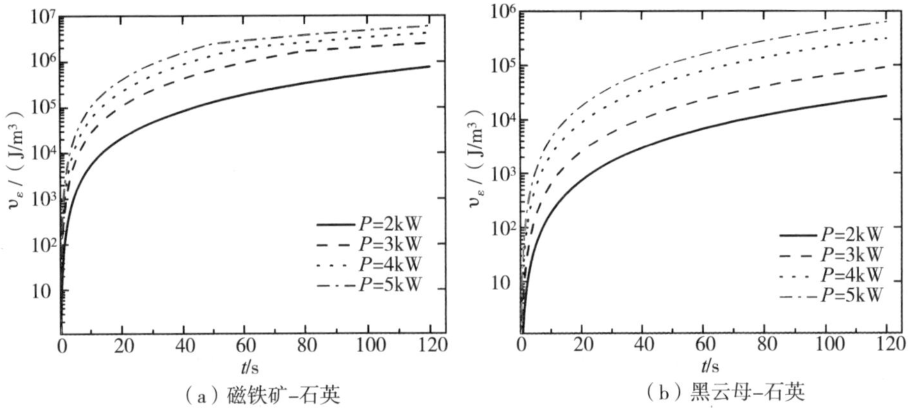

图 3.11　花岗岩耗散微波能量积聚应变能过程

表 3.1　磁铁矿-石英矿物界面应变能积聚速率变化规律

P /kW	$d\nu_\varepsilon$ / [J/ (m^3 · s)]			
	0~30 s	30~60 s	60~90 s	90~120 s
2	1.49×10^3	4.54×10^3	7.52×10^3	1.11×10^4
3	7.51×10^3	2.29×10^4	3.10×10^4	2.13×10^4
4	1.55×10^4	4.74×10^4	3.36×10^4	4.12×10^4
5	2.80×10^4	6.58×10^4	4.50×10^4	5.69×10^4

可见当照射功率提高到 3 kW 以上，照射时间超过 60 s 之后，应变能积聚速率出现不稳定性，这是因为，根据磁铁矿的微波加热响应试验结果，照射功率在 3 kW 及以上时，其升温速率较快，照射时间超过 60 s 之后温度超过 500 ℃，磁铁矿的热物理性能在高温作用下发生变化，其升温速率相比加热前期有明显下降，从而影响应力场演化规律，进而影响应变能演化规律。由于

玄武岩在较短时间内试样发生宏观断裂，因此磁铁矿在加热后期的物理性能变化对微波能向应变能转化过程的影响没有体现。

与磁铁矿-石英相比，黑云母-石英矿物界面应变能积聚速率较小，持续照射 120 s 后，两种矿物结构中应变能密度的差值分别为：-7.26×10^5 J/m^3（$P=2$ kW），-2.41×10^6 J/m^3（$P=3$ kW），-3.86×10^6 J/m^3（$P=4$ kW），-5.30×10^6 J/m^3（$P=5$ kW），即功率越大，不同强损耗矿物周围应变能积聚速率的差异也越大。黑云母-石英矿物界面的应变能积聚速率随微波能量参数的变化规律如表 3.2 中所列，各功率下，应变能积聚速率随着照射时间的增加稳定增加，且当功率由 4 kW 增加到 5 kW 时，应变能积聚速率大幅度提高。

表 3.2　黑云母-石英矿物界面应变能积聚速率变化规律

P /kW	$d\nu_\varepsilon$ /［J/（m^3·s）］			
	0~30 s	30~60 s	60~90 s	90~120 s
2	52.60	160.53	292.09	382.48
3	180.72	551.55	1.00×10^3	1.31×10^3
4	616.47	1.88×10^3	3.42×10^3	4.48×10^3
5	1.25×10^3	3.81×10^3	6.93×10^3	9.07×10^3

石英矿物中的应变能密度分布规律如图 3.12 所示，不同强损耗矿物周围的石英中，应变能密度随照射时间和功率的增加而增加。从磁铁矿-石英界面开始沿半径增加先是快速下降，此半径范围大约为 0.0013~0.0025 m；之后下降速率明显减慢，并在半径为 0.0032 m 时达到一个最小值之后随着半径的增加又有轻微升高。且应变能密度分布规律发生变化的位置不随照射时间和功率的改变而发生变化。

对于磁铁矿-石英复合矿物结构，当照射功率为 3 kW 时，各照射时间内应变能密度在半径由 0.0013 m 增加到 0.0025 m 时的下降量分别为 2.02×10^6 J/m^3（$t=100$ s），2.23×10^6 J/m^3（$t=110$ s），2.44×10^6 J/m^3（$t=120$ s）。可见其在相同半径范围内的下降量随着照射时间的增加而增加；在半径由 0.0032 m 增加到复合矿物外边界 0.0062 m 时，各时间下的应变能密度增加量为 5. 28×10³ J/m³（t = 100 s），5. 79×10³ J/m³（t = 110 s），6. 44×10³ J/m³（t = 120 s），可见应变能密度沿基质半径的增加量也是随着照射时间的增加而增加。当照射时间相同（t=120 s），功率改变时，应变能密度沿半径下降，下降量随功率的增加而增加；应变能密度增加时，增加量也是随着功率的增加而增加。

虽然花岗岩中磁铁矿-石英与玄武岩中磁铁矿-斜长石拥有同样的强损耗介质矿物，但是由于花岗岩中磁铁矿和石英之间的介电性能差异更大，且磁铁矿含量较少，导致花岗岩中磁铁矿周围石英中的应力场分布规律与玄武岩中，磁铁矿周围斜长石中的应力分布规律有明显的区别。因此，花岗岩中磁铁矿周围石英中应变能分布规律更加复杂。

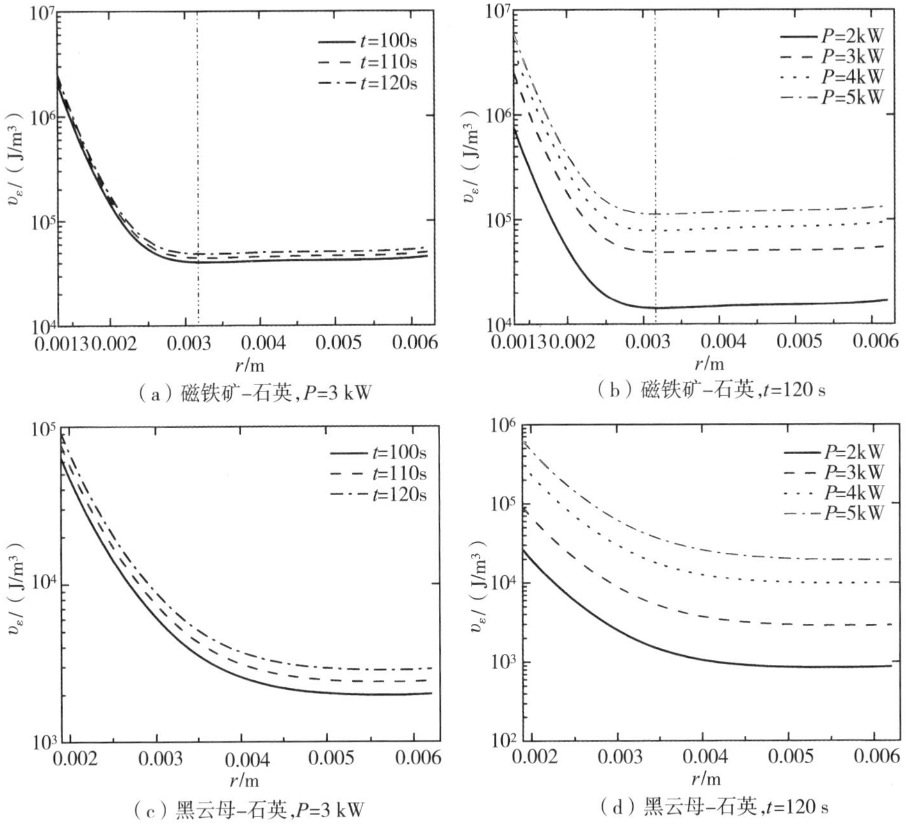

（a）磁铁矿-石英，P=3 kW

（b）磁铁矿-石英，t=120 s

（c）黑云母-石英，P=3 kW

（d）黑云母-石英，t=120 s

图 3. 12　强损耗矿物及微波能量参数对石英中应变能密度分布规律的影响

对于黑云母-石英复合矿物结构，应变能密度从复合矿物界面开始沿半径增加也存在一个快速下降的区域，此区域的半径范围大约为 0.0019 ~ 0.0035 m；之后直到石英矿物外边界，应变能密度沿半径增加只有轻微下降。此外，微波能量参数变化对应变能密度的分布规律也无影响。

当照射功率为 3 kW 时，在半径 0.0020 m 处，花岗岩中不同强损耗介质矿物周围介质中应变能密度的差值随着照射时间变化分别为：-9.87×10^4 J/m^3（t = 100 s），-1.03×10^5 J/m^3（t = 110 s），-1.08×10^5 J/m^3（t = 120 s）；在半径为 0.0030 m 处，相同条件下应变能密度差值变为：-3.48×10^4 J/m^3，-3.76×10^4 J/m^3，-4.05×10^4 J/m^3；在半径 0.0040 m 处，应变能密度差值又变为：-3.88×10^4 J/m^3，-4.24×10^4 J/m^3，-4.62×10^4 J/m^3。可见，由于磁铁矿周围应变能密度分布规律的影响，黑云母周围矿物基质中的应变能密度与其差值随着半径的增加呈现先减小后增大的趋势，该差值随着照射功率和时间的增大而增大。

综合花岗岩与玄武岩中复合矿物结构的应变能密度分布演化规律，发现各矿物组合整体呈现出应变能密度随照射时间和功率增加而增加，在异相矿物界面处应变能积聚最多的一致性规律。然而受到强损耗矿物介电性能、含量以及弱损耗矿物热膨胀性能的影响，应变能密度积聚速率和具体的分布规律呈现不同的特征。对于花岗岩中不同强损耗矿物周围的石英基质，由于磁铁矿的介电常数和损耗因子远高于黑云母的介电常数和损耗因子，其升温速率较快，在磁铁矿-石英界面及石英基质内部产生的应变能密度远高于黑云母-石英的应变能密度。由于玄武岩中磁铁矿含量较高，周围斜长石矿物中的应变能积聚速率远高于花岗岩中磁铁矿周围石英中的应变能积聚速率。此外，随着微波能量持续输入，花岗岩磁铁矿周围矿物中的应变能积聚速率在后期呈现不稳定性。

花岗岩中不同的复合矿物组合裂纹扩展规律与玄武岩大致相同，但是由于其应变能积聚的速率小于玄武岩，所以在相同初始裂纹状态下，花岗岩裂纹发生扩展需要更多的微波能量输入。

3.2.3 复合矿物结构岩石裂纹扩展理论规律验证

为了进一步对比分析两种岩石试样中的微裂纹发展规律，验证理论模型结果的合理性，通过扫描电镜（SEM）对微波照射前后的岩石试样进行了细观实验研究，得到不同微波照射条件下岩石试样内部裂纹分布特征，通过对这些微裂纹进行统计分析，与理论分析结果进行对比，验证裂纹扩展理论模型结果的可靠性。

扫描电镜通过入射的聚焦电子束与样品原子核或核外电子发生相互作用，而被散射，引起电子束运动方向、能量（或两者兼具）发生变化，从而产生各种反映样品特征的信号即成像信号。成像信号可以是二次电子、背散射电子、吸收电子、透射电子等，其中二次电子是最主要的成像信号。二次电子信号进入二次电子收集极，转换成电信号后经视频放大器输入到显像管栅极，即可得到试样表面包括裂纹分布等特征的二次电子像。SEM 设备及工作参数如图 3.13 所示。

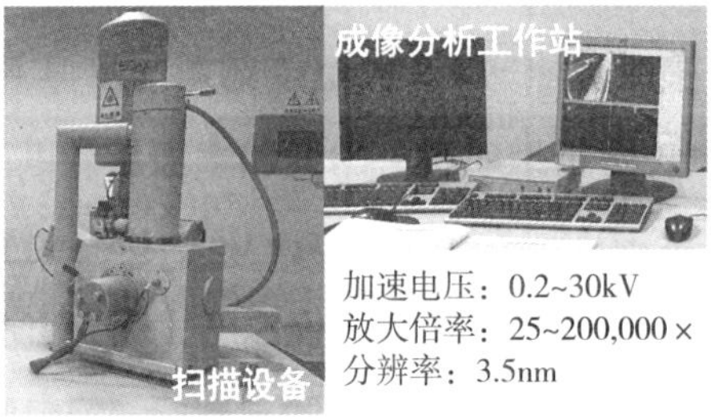

图 3.13 SEM 设备及工作参数（FEI Quanta 200）

将已经制备好的岩石圆柱试样（ϕ50 mm×10 mm），采用 3 kW 的微波功率，分别照射 20 s，40 s，60 s 后，加上未经照射的试样，从圆柱试样中心割取一个尺寸大约为 10 mm×10 mm×5 mm 的立方体，同种岩石试样在相同微波照射条件下取 2 个 SEM 试样。在切割 SEM 试样的过程中要注意避开出现宏观裂纹的地方，以避免对细观裂纹扩展规律的研究造成干扰。

在进行 SEM 观测前，需要对切割好的立方体试样进行清洗、干燥及镀金，增强其导电性。在乙醇溶液中通过超声波处理 5 mins 以清除试样表面的杂质；之后置于恒温干燥箱干燥 12 h，温度设置为 60 ℃；使用小型离子溅射仪对试样观测表面镀金。加工好的玄武岩镀金试样如图 3. 14 所示。

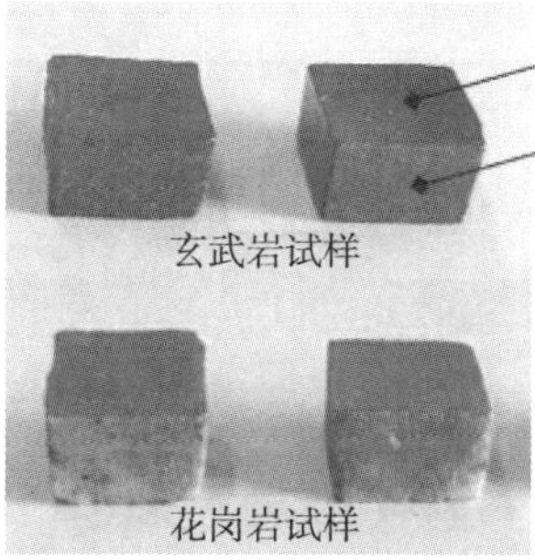

图 3. 14　镀金处理后的岩石 SEM 试样

在岩石试样细观裂纹观测过程中，视野的放大倍率是影响观测结果的重要因素。如果放大倍率太大，可能只能观测到较长裂纹的一部分，不能得到完整的裂纹信息，而如果放大倍率选取偏小，部分较小裂纹在图像上显示很小，很可能在图像处理过程中被过滤掉，影响研究结果的准确性。此外，每个试样的图像采集数量决定了获取裂纹信息的丰富性，进而对研究结果也会产生一定的影响。参考以往岩石细观实验研究结果[152,153]，结合作者进行过的尝试，对微波照射前的初始试样采用的放大倍数为 1200 倍，照射后的试样采用的放大倍数为 600 倍。每个试样拍摄 20 张图片，同一微波照射参数下有 60 张细观裂纹图像可供分析。

玄武岩试样在微波照射前后的裂纹分布特征如图 3. 15 所示，采用 ImageJ 软件对得到的 SEM 图像进行处理，设定合适的阈值将图像进行分割[154]，从而将裂纹提取出来，得到只包含裂纹信息的二值图像。之后将得到的二值图像导入 MATLAB 软件的插件 FracPaQ 中[155]，对所有得到的细观裂纹图像进行定量分析，通过统计分析得到微波照射后裂纹长度发展规律（图 3. 16）。

从图 3. 15 中可以定性看出裂纹长度和密度随着微波照射时间的增加而增加，且在 20～40 s 的加热过程中，裂纹特征变化不明显，但是在 40～60 s 的持

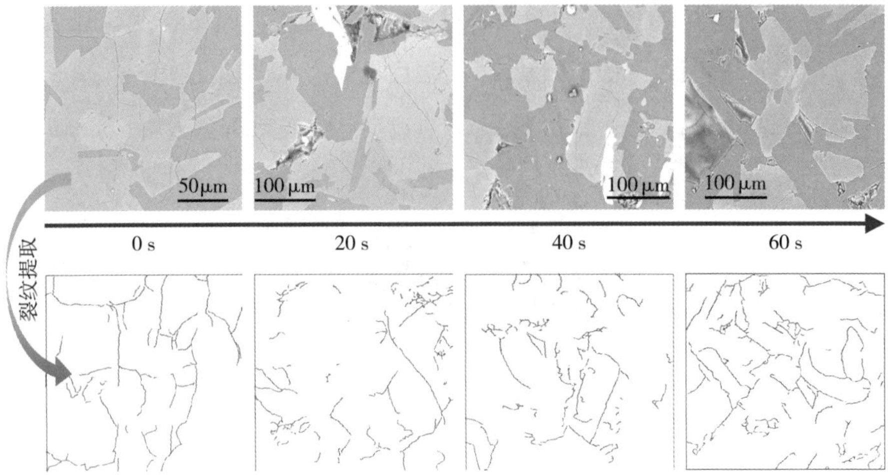

图 3.15　玄武岩裂纹扩展规律细观实验结果（P=3 kW）

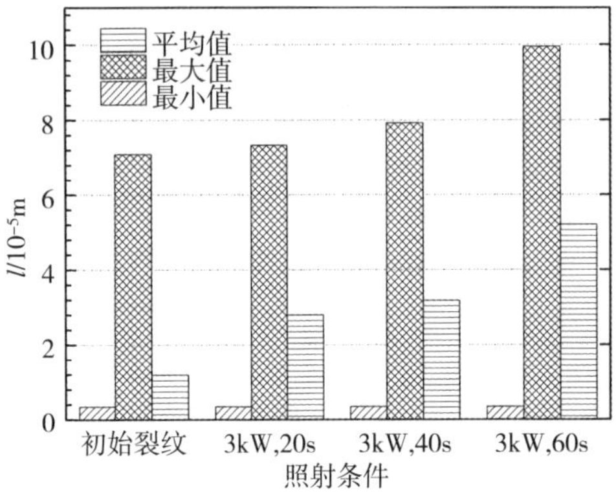

图 3.16　微波加热玄武岩裂纹长度发展规律

续加热过程中，裂纹更加密集，且各裂纹之间的连通性增加，形成了明显的裂纹网络。基于图 3.16 中裂纹长度的定量发展规律，可发现未经微波加热和加热后的试样中，裂纹最小值基本相同，大约为 4×10^{-6} m；在初始加热阶段的 20 s 和加热结束的前 20 s，裂纹平均值有明显增长，在 20～40 s 的加热过程中，裂纹长度变化较小，根据裂纹扩展理论模型，大部分裂纹处于亚临界状态或以缓慢的准静态方式扩展。当照射时间为 60 s 时，裂纹扩展所能达到的最大长度为 9.96×10^{-5} m，结合微波加热玄武岩实验结果可知，照射功率为

3 kW 时，玄武岩大约在 80 s 发生整体宏观断裂，整体试样破碎为不同的小块，可推断在 60 s 时，某些初始短裂纹发生了动态扩展，导致局部损伤程度剧烈增加并形成细观断裂破碎带，继续增加照射时间到 80 s，这些细观破碎带进一步发展最终导致岩石的宏观断裂破碎。

因为花岗岩在微波照射过程中未出现明显的宏观断裂现象，可以判断其内部裂纹扩展过程比较稳定，因此选取了微波加热 100 s 和 200 s 后的试样与未经微波照射的试样进行细观实验研究，得到各照射条件下岩石的裂纹分布和演化特征如图 3.17 所示，与玄武岩试样一致，通过对 SEM 图像进行处理和信息提取，得到只包含裂纹信息的图像后进行定量分析，得到裂纹长度发展情况如图 3.18 所示。

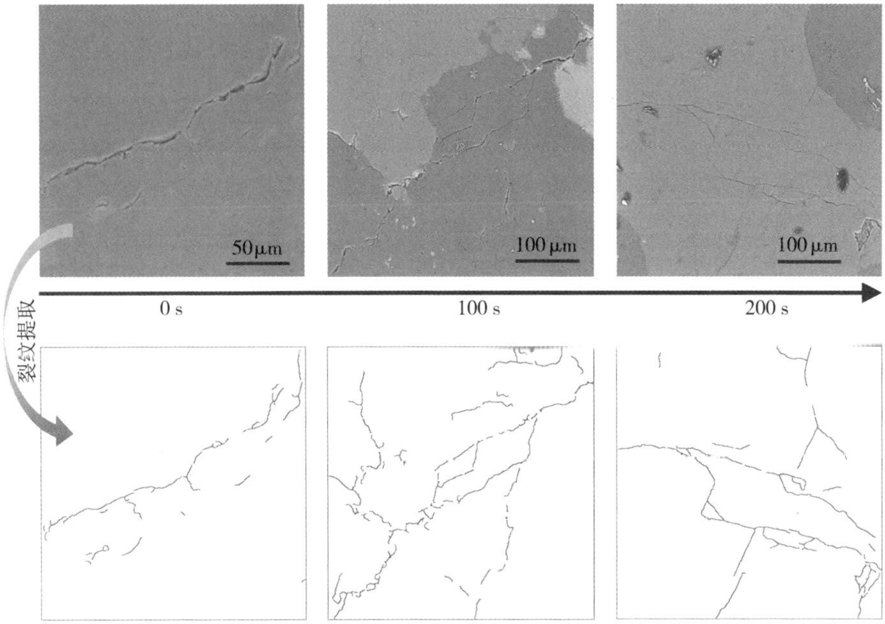

图 3.17　花岗岩裂纹扩展规律细观实验结果（P=3 kW）

通过对比图 3.15 与图 3.17，可发现与玄武岩相比，花岗岩在微波加热过程中的裂纹密度明显较小。此外，由图 3.17 中各照射时间对应的裂纹分布特征可知在 0～100 s 及 100～200 s 的范围内，裂纹发展程度相当，即随着微波能量输入增加，裂纹发生准静态扩展，在扩展过程中，部分裂纹相互贯通，形成局部裂纹网络。

基于图 3.18，花岗岩中最大裂纹长度在初始状态为 7.50×10^{-5} m，经过 100 s 照射后，裂纹最大长度的增加量为 1.08×10^{-5} m，继续增加照射时间至 200 s 时，最长裂纹的长度增加量为 9.90×10^{-4} m，可见从裂纹长度发展规律方面来看，花岗岩中的裂纹扩展过程在各时间范围内比较均匀，无裂纹突发性急剧伸长的现象。

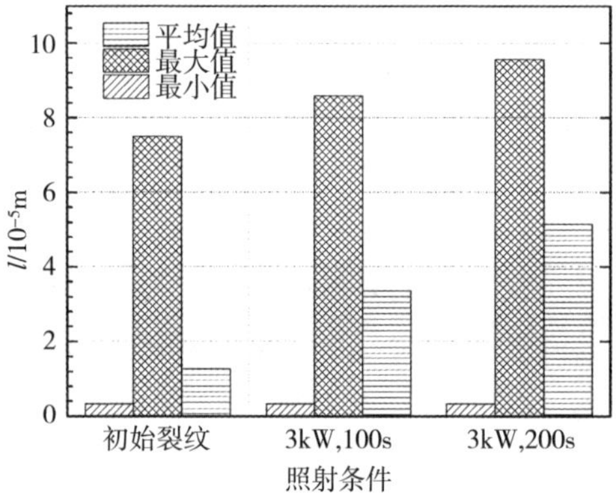

图 3.18 微波加热花岗岩裂纹长度发展规律

结合复合矿物岩石裂纹扩展理论模型，可以解释玄武岩、花岗岩试样中的裂纹长度发展规律表现出明显差异性的原因，那就是两种岩石在微波加热过程中，主导裂纹扩展过程的初始裂纹特征不同。玄武岩中，主导裂纹扩展过程的是短裂纹，加热初期，在微波能量达到初始短裂纹起裂所需的临界条件时，只有少量初始长裂纹发生准静态扩展，且由于输入能量的限制，准静态扩展的程度也较小；随着微波照射时间持续增加，达到短裂纹的起裂条件时，初始短裂纹扩展瞬间占据主导地位，并由于短裂纹扩展过程中能量的急剧释放特征，极易导致大规模的裂纹扩展贯通，从而引发岩石宏观断裂失效。而对于花岗岩，主导裂纹扩展过程的是初始长裂纹，与短裂纹相比，长裂纹扩展过程能量的累积和释放都比较温和，因此整个加热过程中裂纹稳定扩展，花岗岩试样无突发断裂失效现象。

3.3　矿物组构对裂纹密度及贯通性发展规律的影响分析

3.3.1　矿物组构对裂纹密度变化特征的影响

对于通过 SEM 观测得到的平面裂纹，裂纹密度定义为单位面积包含的裂纹中心点个数，此外，可通过单位面积包含的裂纹总长度，即裂纹集度，来衡量某一研究面积内的裂纹分布密集程度[156]。对于图 3.15 和图 3.17 中提取出的岩石裂纹分布二值图像，通过覆盖整个裂纹平面的均布圆形扫描窗口与裂纹的交点情况可分别计算出裂纹密度和裂纹集度的量化值。如图 3.19 所示，每个扫描窗口的直径为坐标轴栅格间距的 0.99，以避免窗口之间重叠，对于每个半径为 r_s 的扫描窗口，扫描窗口内部包含的裂纹端点的个数为 n_1；裂纹与扫描窗口周长交点的个数为 n_2。裂纹密度用 $P20$ 表示，裂纹集度用 $P21$ 表示，则两者的计算公式分别为：

$$P20 = n_1/(2\pi r_s^2)$$

$$P21 = n_2/(4r_s) \tag{3.20}$$

统计所有扫描窗口的 $P20$ 和 $P21$ 的值，取平均值即为 1 张 SEM 图像的裂纹密度量化结果，统计分析岩石试样在同一微波照射条件下的所有 SEM 图像的裂纹密度量化结果，即得到可以代表该照射条件下岩石试样的平均裂纹密度量化结果。对于所研究的微波照射参数，玄武岩和花岗岩试样中的裂纹密度发展规律如图 3.20 和图 3.21 所示。

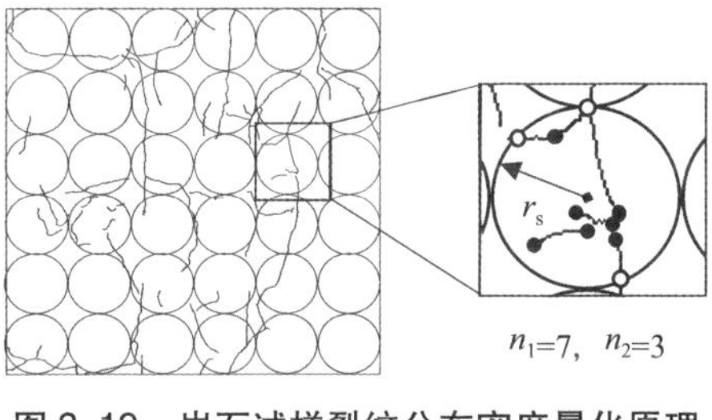

图 3.19　岩石试样裂纹分布密度量化原理

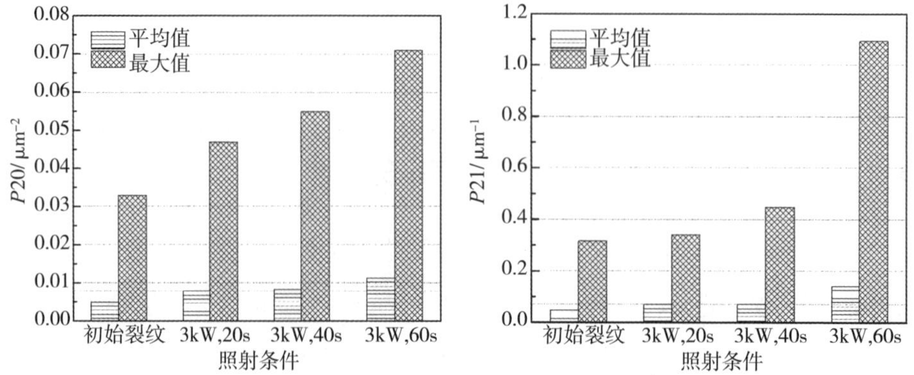

（a）裂纹密度　　（b）裂纹集度

图 3. 20　微波加热玄武岩中裂纹分布密度发展规律

由图 3. 20 可以发现，经过 20 s 照射后，裂纹集度平均值增加了 46. 81%；裂纹密度平均值增加了 59. 18%。继续增加照射时间到 40 s 时，裂纹集度和密度平均值分别增加了 1. 45%和 5. 13%。照射时间为 60 s 时，裂纹集度和密度平均值的增长幅度为 104. 28%和 37. 80%。照射时间小于 40 s 时，裂纹集度的增长幅度小于裂纹密度的增长幅度，结合裂纹集度与密度的定义，显示出在此时间范围内，岩石试样中的裂纹发展以短裂纹萌生为主，但是伴随已有裂纹伸长扩展；当照射时间为 60 s 时，裂纹集度大幅度增加，而裂纹密度增加相对较小，显示此时的微波能量主要用于已有裂纹的伸长扩展，裂纹萌生变少。

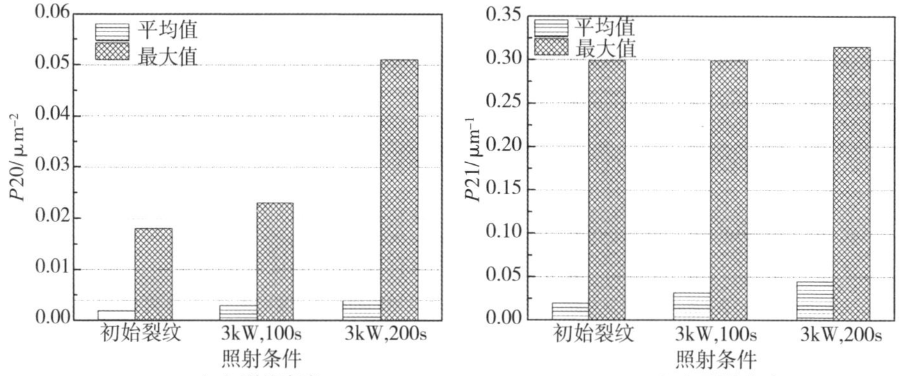

（a）裂纹密度　　（b）裂纹集度

图 3. 21　微波加热花岗岩中裂纹分布密度发展规律

由图 3.21 可知，对于花岗岩来说，经过 100 s 照射后，裂纹集度和裂纹密度的平均值增长幅度分别为 68.42%和 52.63%，裂纹集度的增加幅度大于裂纹密度的增加幅度，可以判断在此加热过程中，岩石中损耗的微波能量同时用于裂纹新生和已有裂纹的伸长扩展，但是已有裂纹的伸长扩展占据主要能量消耗。照射时间增加至 200 s 时，裂纹集度和裂纹密度的平均值增长幅度为 40.62%和 34.48%，此时裂纹集度和密度的增加幅度相比前一照射阶段均有所减小，且两者的增加幅度相接近。可见在此阶段照射过程中，裂纹发展进程（包括已有裂纹伸长扩展和裂纹新生）减慢，且吸收的微波能量几乎均等地用于已有裂纹伸长扩展和产生更多新裂纹。

对比两种岩石的裂纹分布密度发展规律可知，随着微波能量输入，两种岩石的裂纹分布密度均在增加，但具体形式存在差异，初始加热阶段，玄武岩中的裂纹发展方式以裂纹萌生为主，伴随着已有裂纹的伸长扩展，之后裂纹萌生减少，微波能量主要用于裂纹伸长扩展；而花岗岩中，初始加热阶段，即以已有裂纹伸长扩展为主，之后随着微波能量增加，裂纹萌生损耗的能量增多，与裂纹伸长扩展消耗的能量持平。

3.3.2　矿物组构对裂纹网络发展规律的影响

微波照射过程中，随着裂纹萌生和既有裂纹的扩展，裂纹之间互相贯通形成更加复杂的裂纹网络。图 3.22 所示裂纹网络结构主要包含三个基本要素[157]：线，节点和分支，每条线包含一个或多个分支，每个端部都有一个节点。根据裂纹间的相互作用可以将节点分为裂纹的独立端点（I 型节点），交叉裂纹交点（X 型节点）和分叉裂纹端点（Y 型节点）。需要注意的是，在裂纹分布中还会形成第四种节点类型：V 型节点，然而这种节点其实是两个 I 型节点在位置上重合导致的，此时裂纹之间并未发生实际的相互作用，因此在裂纹贯通性分析过程中，V 型节点是被排除在外的。

以裂纹网络中 I 型、Y 型和 X 型节点分别所占的比例绘制 IYX 三元系相图可以直观体现出裂纹的贯通性特征。因为 I 型节点和 Y 型节点代表一条单

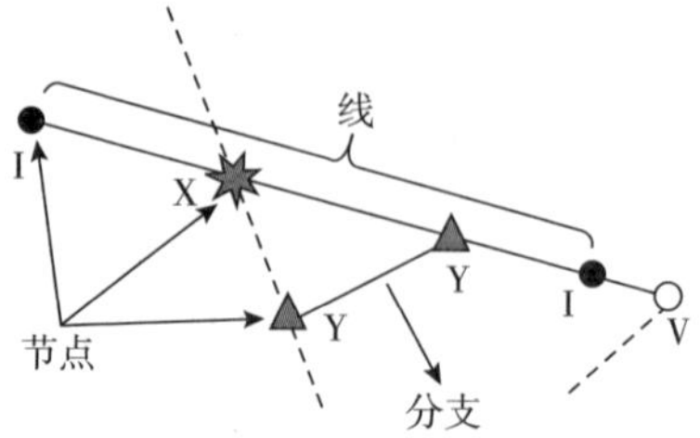

图 3.22　裂纹相互作用的网络结构

独裂纹的两个端点，则总裂纹数 N_t 可以表示为[158]：

$$N_t = (N_I + N_Y)/2 \tag{3.21}$$

式中：N_I、N_Y 分别为 I 型节点和 Y 型节点的个数。裂纹之间的连接节点只能为 X 型节点和 Y 型节点，每一个节点连通两条裂纹，那么每条裂纹包含的连接点平均数量，定义为裂纹网络的平均贯通性，用 C_c 表示，与各类型节点数量的关系为：

$$C_c = 2(N_X + N_Y)/N_t \tag{3.22}$$

式中，N_X 为 X 型节点的个数。各节点的总数量 N_n 及比例 p_I，p_Y 及 p_X 满足：

$$N_n = p_I + p_X + p_Y$$

$$p_I + p_X + p_Y = 1 \tag{3.23}$$

将式（3.21）和式（3.23）代入式（3.22），得到：

$$C_c = 4(1 - p_I)/(1 - p_X) \tag{3.24}$$

基于以上分析，得到玄武岩中各类型节点比例及贯通性发展规律如图 3.23 所示。玄武岩在微波照射过程中，随着照射时间的增加，I 型节点所占的比例逐渐减小，在 IYX 三元系相图体现为距离顶点 I 越来越远；Y 型节点所占的比例逐渐增加，即体现为距离顶点 Y 越来越近；而 X 型节点所占的比例表现出不稳定性，总体表现为微波照射后的比例稍大于初始状态的比例，且在照射时间为 20 s 时 X 型节点所占的比例达到最大。由图 3.23（b）可知，裂纹之间的贯通性随着照射时间的增加持续增强。即微波照射过程中，玄武岩中的裂纹之间以 Y 型连接为主，随照射时间的增加相互连接、贯通更加密集。

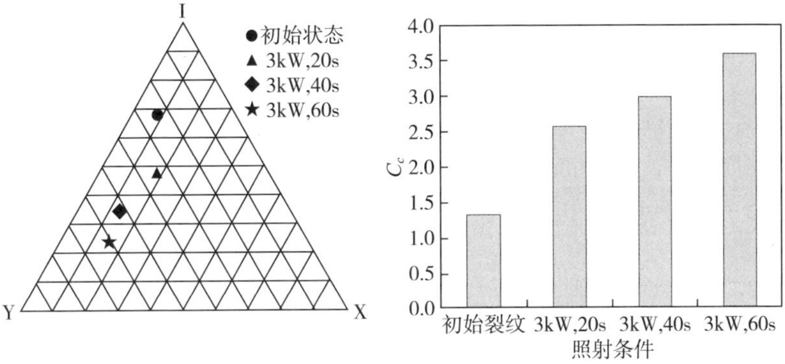

（a）节点种类及比例　　（b）贯通性

图 3.23　微波加热玄武岩裂纹网络发展规律

花岗岩中裂纹相互贯通形成裂纹网络的发展规律如图 3.24 所示，随着照射时间的增加，I 型节点所占的比例也逐渐减小。照射时间为 100 s 时，Y 型节点所占的比例明显增加，由于裂纹扩展形成的新增 X 型节点少于总节点增加的数量，因此相比于初始状态，X 型节点所占的比例减小。继续增加照射时间到 200 s 时，Y 型节点所占的比例保持不变，而 X 型节点明显增加，且相比初始状态所占的比例增加了 1%。可见在前 100 s 照射过程中，裂纹连通性增加以 Y 型连接为主，之后随着照射时间的增加，裂纹之间进一步相互贯通形成更多 X 型节点。结合图 3.24（b）可知，裂纹之间的贯通性也是随着照射时间的增加持续增强。

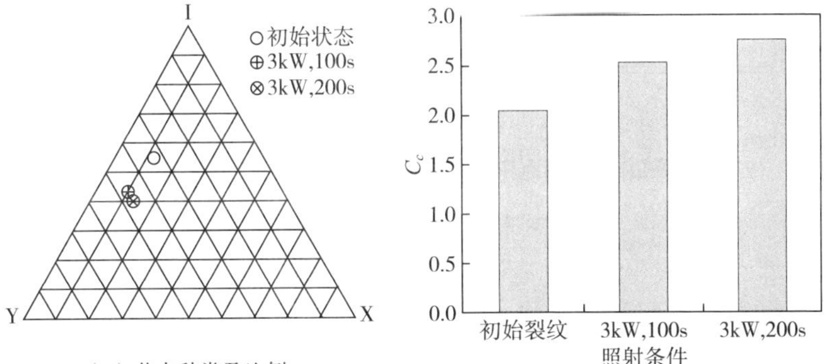

（a）节点种类及比例　　（b）贯通性

图 3.24　微波加热花岗岩裂纹网络发展规律

对比玄武岩与花岗岩试样中裂纹网络发展规律可知，玄武岩在整个照射过程中，以 Y 型连接发展为主，而在花岗岩中，裂纹在照射前期以 Y 型连接发展为主，之后随着照射时间的增加转变为以 X 型连接发展为主。随着照射时间的增加，玄武岩中的初始短裂纹动态扩展，迅速贯通连接，在岩石试样中形成大范围的裂纹网络，在整个加热过程中，裂纹之间贯通性的平均增长速率为 0.06 /s。花岗岩的初始裂纹贯通性大于玄武岩，即初始阶段，花岗岩中就存在小范围的裂纹网络，随着照射时间的增加，这些裂纹进一步稳定扩展，形成更多的裂纹分支，结合裂纹长度和密度发展规律，整个加热过程中，单个裂纹的扩展都是以准静态的方式进行的，所以形成裂纹网络的速率也比较小，大约是玄武岩裂纹网络贯通性发展速率的 1/6。

3.4 微波热致岩石损伤演化规律

3.4.1 复合矿物岩石损伤演化模型建立

由裂纹扩展导致的损伤 D 可以表示为[159]：

$$D = 4\pi N l^3 / 3 \tag{3.25}$$

根据微波照射下岩石内部应力、应变场分布演化规律，结合式（3.15）可以得到由微波能量转换成的应变能密度，之后根据式（3.19）得到一定初始裂纹条件下，伴随应变能转换为裂纹表面能的裂纹扩展行为，根据裂纹扩展统计规律定义的损伤变量，式（3.25），即可建立微波能量输入与岩石损伤演化之间的理论关系。

将式（3.25）代入式（3.19）中，得到应变能与岩石损伤之间的关系为：

$$v_{\varepsilon c} = \frac{\gamma(1-2\mu)}{(1-\mu^2)} \cdot \left(\frac{9\pi^4 N}{16D}\right)^{1/3} \cdot \left[1 + \frac{4(1-\mu^2)D}{3\pi(1-2\mu)}\right]^2 \tag{3.26}$$

3.4.2 复合矿物岩石损伤演化规律分析

当初始裂纹密度 $N = 10^{11}/\mathrm{m}^3$ 时，根据式（3.26）可得相应的损伤随应变能演化规律如图 3.25 所示。在给定的裂纹密度下，裂纹扩展长度特征值 $l_c = 8.72\times10^{-5}\text{m}$，根据式（3.25）可计算得到对应的损伤 $D_{02}=0.28$，此时发生损伤演化所需的应变能最小，为 $v_{\varepsilon2}=6.27\times10^4\text{J/m}^3$。之后随着应变能密度的增加，损伤逐渐累积直至达到岩石局部宏观破裂。当初始裂纹长度 $l_{01}=5.92\times10^{-5}\text{ m}$ 时，对应的初始损伤为 $D_{01}=0.087$，继续发生损伤演化所需的应变能为 $v_{\varepsilon1}=7.24\times10^4\text{J/m}^3$，因为该初始裂纹长度小于特征值，裂纹起裂后将发生动态扩展，损伤迅速发展直至达到 $D_{11}=0.70$。值得注意的是，当损伤达到 D_{11} 时，释放的应变能依旧没有完全转变成新裂纹面的表面能，还有一部分动能残余。若初始裂纹对应于图 3.10 中的 l_0，则当损伤达到 D_{11} 时，相当于裂纹扩展到图 3.10 中的 l_1，而根据能量守恒当应变能全部转换为新裂纹表面能时，裂纹会继续扩展直到长度为 l_f，对应于图 3.25 中的裂纹动态扩展长度 $l_{0f}=1.24\times10^{-4}\text{ m}$，相应的损伤为 $D_{0f}=0.81$。

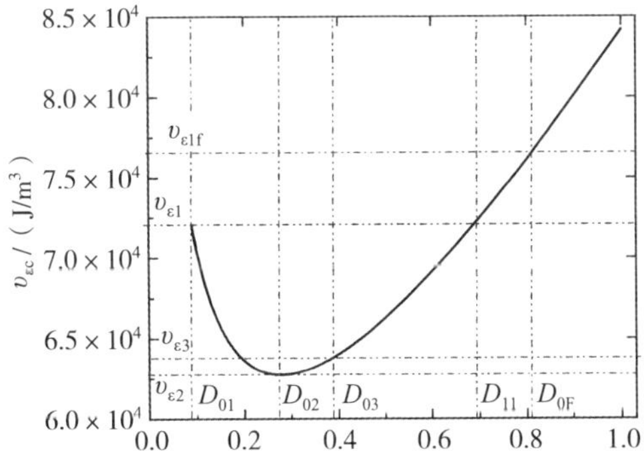

图 3.25　应变能释放下的岩石损伤演化规律（$N=10^{11}/\text{m}^3$）

当初始裂纹长度 $l_{03}>l_c$ 时，对应的初始损伤 $D_{03}>D_{02}$，当应变能密度满足损伤继续演化的条件 $v_{\varepsilon c}=v_{\varepsilon3}$ 时，随着裂纹发生准静态扩展，损伤随着应变能密度的增加逐渐累积直到接近 1 时，导致岩石试样的宏观断裂出现。

在不同的微波功率（2 kW，3 kW，4 kW，5 kW）照射下，随着微波照射时间增加，岩石矿物损耗微波能量转换为应变能，进而促使初始裂纹扩展，造成岩石细观损伤演化的全过程如图 3.26 所示。假设岩石中的初始裂纹长度为 l_0，起裂所需的应变能为 $\boldsymbol{v}_{\varepsilon 1}$，当微波功率为 2 kW 时，大约 10 s 即可达到初始裂纹扩展所需的临界条件，且该临界照射时间随着微波功率的增大而减小。初始裂纹起裂后，裂纹密度越小，裂纹在应变能 $\boldsymbol{v}_{\varepsilon 1}$ 作用下发生扩展的长度越大，导致的岩石损伤演化程度越大。假设岩石中对应的裂纹密度是 $N = 10^8/\mathrm{m}^3$，初始裂纹长度在达到 l_1 后，继续动态扩展至 l_1'，对应的岩石损伤程度为 D_1'，此时，裂纹继续扩展所需的微波照射时间，各功率下分别为 60 s（2 kW），25 s（3 kW），18 s（4 kW）和 16 s（5 kW）。

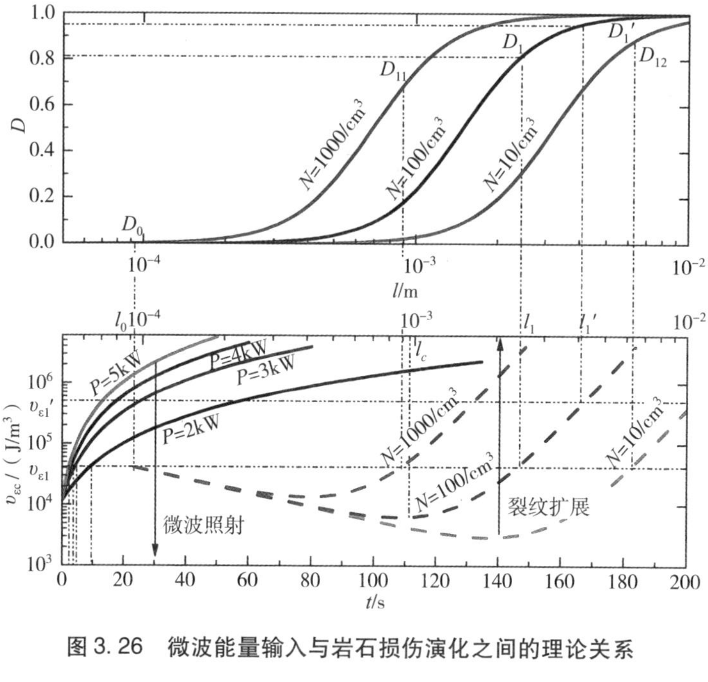

图 3.26　微波能量输入与岩石损伤演化之间的理论关系

基于以上分析，微波能量参数和初始裂纹特征对岩石损伤演化程度具有显著影响，进一步集中于裂纹密度对岩石损伤演化规律的影响，如图 3.27 所示，其中裂纹初始长度相同（$l_0 = 8.72 \times 10^{-5}$m）。各裂纹密度下发生初始损伤继续演化所需的应变能密度分别为：2.91×10^4 J/m^3（$N = 10^{10}/\mathrm{m}^3$），6.42×10^4 J/m^3（$N = 10^{11}/\mathrm{m}^3$），1.35×10^5 J/m^3（$N = 10^{12}/\mathrm{m}^3$）。可以发现同一初始损伤程度下，损伤继续演化所需的应变能密度随着裂纹密度的增加而增加。当各密度下的损伤继续发生演化达到 0.8 时，对应的应变能密度分别为：3.53×10^4 J/m^3（$N=10^{10}$/m^3），7.61×10^4 J/m^3（$N=10^{11}$/m^3），1.64×10^5 J/m^3（$N=10^{12}$/m^3）；相应的裂纹长度分别为：2.67×10^{-4} m，1.24×10^{-4} m，5.76×10^{-5} m。即达到相同损伤程度增加时，裂纹密度越大，消耗的应变能越多，然而裂纹扩展程度越小。

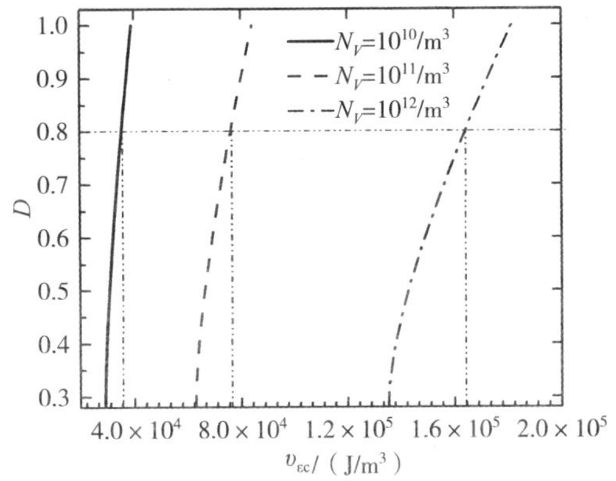

图 3.27　裂纹密度对岩石损伤演化规律的影响

3.4.3　岩石矿物物理性能影响分析

基于复合矿物结构中裂纹扩展与岩石应变能释放之间的理论关系，由式（3.19）可知，岩石矿物的泊松比 μ 和表面能 γ 也是裂纹扩展行为的影响因素。花岗岩试样与玄武岩试样的泊松比不同，与此同时，主要发生裂纹扩展的弱损耗介质矿物，斜长石和石英的表面能也存在差异[160]，基于岩石试样泊松比和弱损耗介质矿物表面能取值范围，研究岩石矿物物理性能对裂纹扩展行为和损伤演化规律的影响。

从图 3.28（a）可以看到，对于同一初始长度的裂纹，岩石泊松比越大，裂纹扩展所需的应变能越小。对于同一裂纹密度，各泊松比下的裂纹长度特征值分别为：9.30×10^{-5} m（$\mu=0.15$）；8.72×10^{-5} m（$\mu=0.22$）；8.02×10^{-5}

m（μ = 0.29）。可见特征值随着泊松比的增加在减小。我们注意到当长度大于特征值的裂纹以准静态方式发生扩展直到长度达到时，各泊松比下裂纹扩展所需的应变能相等，之后随着裂纹长度的增加，裂纹继续扩展所需的应变能随着泊松比的增大而增大。而此裂纹长度所对应的初始裂纹长度分别为：4.67×10^{-5} m（μ = 0.15）；3.77×10^{-5} m（μ = 0.22）；2.90×10^{-5} m（μ = 0.29）。当初始裂纹长度大于 2.90×10^{-5} m 时，裂纹发生动态扩展达到的长度随着泊松比的增加而增加，但是当初始裂纹长度小于 2.90×10^{-5} m 时，裂纹动态扩展达到的最终长度在各泊松比下基本相同。

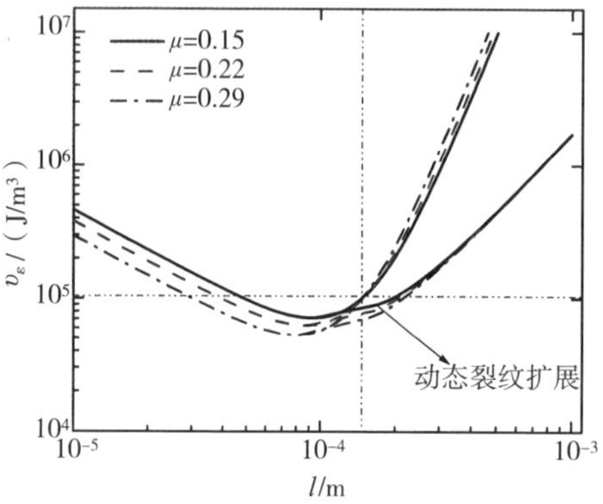

（a）泊松比的影响（γ=2.739J/m²）

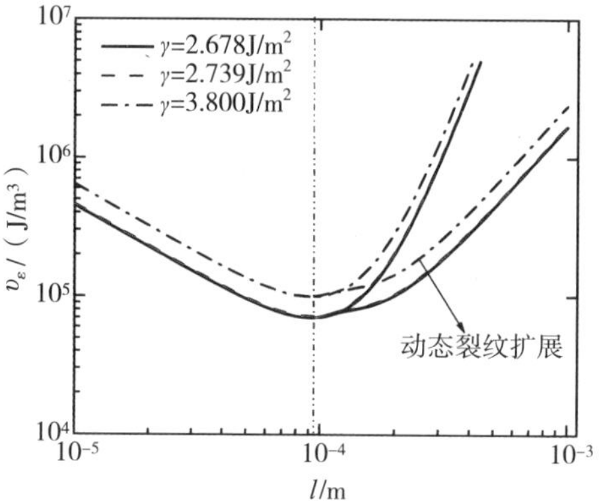

（b）表面能的影响（μ=0.15）

图 3.28　岩石矿物物理性能对微波热致裂纹扩展行为的影响

通过图 3.28（b）可以看到，对于同一初始裂纹长度，表面能越大，裂纹发生扩展所需的应变能越大。即在相同应变能输入的情况下，裂纹表面能越小，能够发生扩展的裂纹长度越小，相应地，裂纹准静态扩展或动态扩展的程度越大。裂纹扩展的特征值不随裂纹表面能的改变而改变。

对于花岗岩和玄武岩试样来说，两种岩石中的弱损耗介质矿物石英、斜长石的表面能分别为 2.678 J/m^2，2.739 J/m^2，由图 3.28（b）可知矿物表面能差异对岩石中裂纹扩展行为的影响较小，可以忽略不计。而花岗岩的泊松比（μ = 0.15）小于玄武岩的泊松比（μ = 0.22），由此可见同一初始裂纹条件下，花岗岩中裂纹起裂所需的应变能更多。进一步，结合玄武岩中矿物

（磁铁矿）损耗微波能量使应变能积聚的速率，以及花岗岩中矿物（磁铁矿和黑云母）损耗微波能量得到的应变能积聚速率研究结果，再加上岩石中初始裂纹分布特征差异，综合得到花岗岩中裂纹起裂时间、扩展速率均落后于玄武岩中的初始裂纹。

在岩石矿物物理性能对岩石裂纹扩展影响研究结果的基础上，进一步研究其对岩石损伤演化规律的影响。在图 3.29（a）中，当初始损伤都为 0.107 时，所对应的初始裂纹长度为 6.34×10^{-5} m；各泊松比下初始损伤继续演化所需的应变能分别为：8.24×10^{4} J/m^{3}（$\mu=0.15$），6.94×10^{4} J/m^{3}（$\mu=0.22$），5.63×10^{4} J/m^{3}（$\mu=0.29$）。在 $\mu=0.15$ 时，初始损伤开始演化之后瞬间达到 0.84，在没有应变能增加的情况下，因为初始短裂纹的动态扩展，损伤依旧可以继续增加直到 0.92，此时损伤继续演化所需的应变能为 8.49×10^{4} J/m^{3}。在 $\mu=0.22$ 和 $\mu=0.29$ 时，初始损伤开始演化之后瞬间分别达到 0.60 和 0.40，我们发现相同能量密度下，初始裂纹发生静态扩展和动态扩展的最终长度接近，因此在没有应变能继续增加的情况下，由于裂纹动态扩展增加的损伤程度与静态损伤演化程度区别较小。之后随着应变能持续增加，损伤也会继续增加，直到引起岩石宏观断裂失效产生。

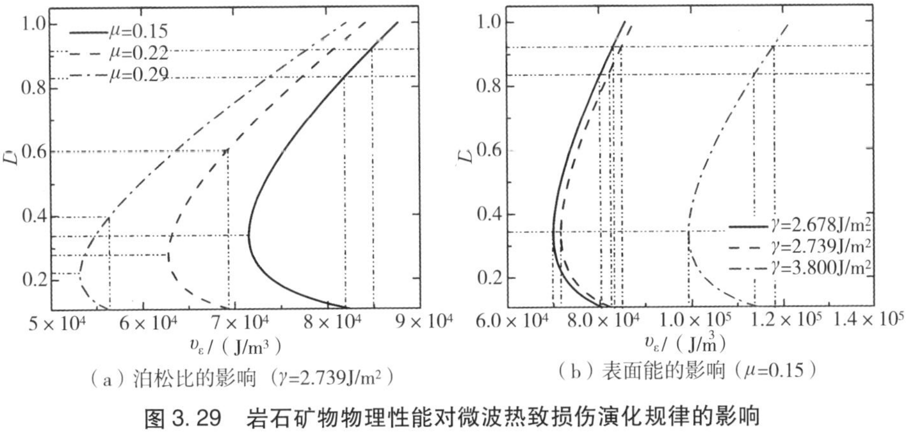

（a）泊松比的影响（γ=2.739J/m^2）　（b）表面能的影响（μ=0.15）

图 3.29　岩石矿物物理性能对微波热致损伤演化规律的影响

因为在微波照射过程中，岩石中的应变能是由耗散的微波能量直接决定的，通过以上分析可以发现，对应同一初始损伤，损伤继续演化所需的微波能随着泊松比的增加而减少，但是若初始损伤演化伴随着裂纹动态扩展，则损伤演化程度随着泊松比的减小而增加。由于裂纹扩展的特征值随着泊松比的增大而减小，相应的损伤也随着泊松比的增大而减小，损伤继续演化时所需的微波能也随之减小。

在图 3.29（b）中，当初始损伤都为 0.107 时，各裂纹表面能对应的损伤继续演化所需的应变能分别为：8.05×10^4 J/m^3（$\gamma=2.678$ J/m^2）；8.24×10^4 J/m^3（$\gamma=2.739$ J/m^2）；1.14×10^5 J/m^3（$\gamma=3.800$ J/m^2）。初始损伤继续发生演化时，应变能继续增加之前，随着裂纹长度逐渐增加达到准静态扩展的最大长度 1.26×10^{-4} m 后可继续扩展直到长度为 1.30×10^{-4} m，对应的损伤分别为 0.84 和 0.92。当初始损伤达到裂纹动态扩展后的最大损伤时，继续演化所需的应变能分别为：8.30×10^4 J/m^3（$\gamma=2.678$ J/m^2）；8.49×10^4 J/m^3（$\gamma=2.739$ J/m^2）；1.18×10^5 J/m^3（$\gamma=3.800$ J/m^2）。而各裂纹表面能对应的裂纹扩展长度特征值相同，即相应的损伤也相同，都为 0.34，此时具有不同表面能参数的弱损耗介质矿物中，损伤继续演化所需的应变能分别为 6.99×10^4 J/m^3，7.15×10^4 J/m^3，9.92×10^4 J/m^3。

通过以上分析我们可以发现，对于相同初始损伤，损伤演化所需的微波能量随着弱损耗介质矿物中裂纹表面能的增加而增加，但是损伤发生演化之后，在不继续增加微波能量输入的情况下，达到的损伤程度在各表面能下相同，只是损伤继续演化时需要的微波能量随着裂纹表面能的增加而增加。

综合岩石试样在微波加热后的裂纹扩展实验结果（包括裂纹长度、密度发展特征）与复合矿物结构岩石中损伤演化理论模型，可得到玄武岩中，由裂纹扩展导致的岩石中损伤演化范围如图 3.30 所示。当照射时间为 60 s 时，准静态裂纹扩展方式下，发生损伤演化的弱损耗介质矿物（斜长石）半径范围是 0.0021~0.0038 m。但是我们注意到在照射时间由 40 s 增加到 60 s 时，裂纹长度增加了 2.04×10^{-5} m，而相同时间间隔，由 20 s 增加到 40 s 时，裂纹长度只增加了 5.90×10^{-6} m，由此可判断 60 s 时的最大裂纹长度是由短裂纹发生动态扩展导致的。此外，我们发现当裂纹通过动态扩展和准静态扩展达到相同裂纹长度时，动态扩展所需的应变能小于准静态方式扩展所需的应变能。若按照动态扩展方式所需的应变能密度，可得到 60 s 时岩石中发生损伤演化的范围是 0.0021~0.0039 m。

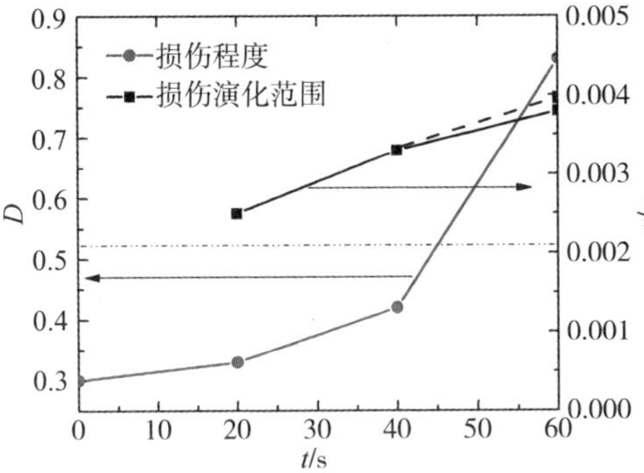

图 3.30　基于细观裂纹扩展结果的玄武岩损伤演化规律及理论模型验证（p=3 kW）

根据图 3.30 中损伤程度和演化范围的规律可知随着微波照射时间的增加，在岩石损伤程度持续增加的过程中，发生损伤演化的范围也在不断扩大。岩石中局部损伤持续增加超过 1 时会导致岩石宏观断裂失效，此外，岩石损伤演化的速率越大，导致的岩石断裂破碎程度越高，表现为岩石破碎后的碎块尺寸越小。通过以上分析我们发现，基于微波照射下岩石细观裂纹扩展实验结果，结合我们所建立的复合矿物岩石损伤演化理论模型进行分析，可以很好地解释微波能量作用下岩石损伤演化直至宏观断裂过程，从而验证了本书岩石损伤演化理论模型的合理性。

3.5　本章小结

通过均匀岩石在微波瞬间加热及冷却过程中的裂纹扩展行为研究，揭示了初始裂纹特征，包括裂纹长度和密度对裂纹扩展规律的影响。微波热致岩石裂纹扩展过程伴随着多重能量转换过程，首先岩石耗散微波能量转换为应变能储存在其内部，当达到内部初始裂纹起裂所需的临界条件时，裂纹发生扩展，此时应变能释放，转换为扩展裂纹自由面的表面能。随着微波能量输入增加，裂纹扩展过程可以通过“V”形曲线来描述，即在裂纹扩展中，存在一个长度特征值，具有该长度的裂纹发生扩展所需的微波能量最小，以长度特征值可以将裂纹分为初始长裂纹和初始短裂纹，短裂纹在扩展至特征长度时，应变能转换为裂纹表面能之后还有富余，富余的这部分应变能转换为裂纹扩展的动能，驱使裂纹进一步扩展。当裂纹动态扩展至最终长度后，再次起裂仍需一定的应变能释放，而在应变能累积达到该临界条件之前，裂纹长度不变，即存在一个亚临界状态，该状态在已有的微波加热岩石矿物强度劣化规律实验结果中有所体现。而对于初始长裂纹，在能量达到裂纹扩展的阈值时，随着能量持续增加，裂纹发生准静态扩展。

复合矿物结构岩石模型中，针对异相矿物界面及弱损耗介质矿物内部的应变能密度积聚规律进行研究。首先，玄武岩得益于其中磁铁矿含量较多，其损耗微波能量转换成的应变能密度较大，相同微波能量作用下，玄武岩中裂纹起裂时间较花岗岩中裂纹起裂早。此外，根据微波加热岩石裂纹扩展细观实验结果，玄武岩中初始短裂纹扩展占主导地位，在前期照射过程中，萌生了大量短裂纹，当微波能量输入达到这些裂纹起裂所需的临界值时，短裂纹发生动态扩展，使岩石中的损伤突发性累积，并致使岩石产生宏观断裂失效。而花岗岩中以初始长裂纹的准静态扩展方式为主导，照射前期，微波能量主要用于已有裂纹扩展，照射后期，微波能量均等地用于裂纹萌生和伸长扩展，形成小范围的裂纹网络，在所研究的时间范围内，不足以引起岩石的宏观断裂失效。

除了初始长度，裂纹密度也对岩石中裂纹扩展和损伤演化具有重要影响，同一初始长度下，裂纹密度越小，裂纹起裂后扩展的程度越大，导致的岩石损伤程度也越大。此外，岩石及矿物的泊松比和表面能也对裂纹扩展行为及岩石损伤演化特征有影响，对应同一初始损伤，损伤继续演化所需的微波能随着泊松比的增加而减少，但是若初始损伤演化伴随着裂纹动态扩展，则损伤演化程度随着泊松比的减小而增加；而表面能越大，初始裂纹起裂所需的应变能即微波能量越多。

第 4 章　微波热致岩石断裂力学机理

固体的断裂可分为脆性断裂和韧性断裂，材料从受力变形开始一直到断裂，从宏观看，均保持线弹性的称为脆性断裂。线弹性断裂力学主要研究的就是脆性断裂的规律。断裂力学从弹性力学方程或弹塑性力学方程出发，把裂纹作为一种边界条件，考察裂纹尖端的应力场、应变场和位移场，设法建立这些场与控制断裂的物理参量的关系和裂纹尖端附近的局部断裂条件[161-163]。在复合矿物结构微波热致应力场分布演化规律研究基础上，进一步分析裂纹尖端的应力状态，结合微波能量作用下岩石宏观断裂韧度劣化规律研究，建立微波电磁场作用下岩石的断裂准则。

4.1　复合矿物岩石初始裂纹扩展断裂力学机理

4.1.1　不同扩展模式的初始裂纹尖端应力状态

对于复合矿物结构岩石圆柱模型，沿圆柱模型的厚度方向温度不发生变化，且 z 方向的变形自由，因此 $\sigma_z = 0$。即包含于该圆柱模型中的裂纹问题为平板中的裂纹问题，且为平面应力问题。由于强损耗介质矿物内部的切向应力和径向应力均为压应力，内部裂纹只会发生Ⅱ型扩展，而强-弱损耗矿物界面及弱损耗介质矿物中存在切向拉应力分量，裂纹的开裂方式为Ⅰ-Ⅱ复合型，很大可能会优先于强损耗介质矿物中的裂纹发生开裂和扩展[164-169]，因此我们重点关注弱损耗介质矿物中的裂纹扩展行为。

基于弱损耗介质矿物中的应力分布状态，可以推导出等效外部荷载分布规律。弱损耗矿物中某一位置处的径向、切向应力分量分别为 σ_{r2}、σ_{t2}，该位置存在一初始裂纹，与切向方向之间的夹角为 β（$0 < \beta \leqslant 90°$），剪切力的外法线方向沿坐标轴正向规定为正方向。根据岩石中的应力状态，可以将裂纹表面的应力分解为沿 y 轴方向的 $p(x)$ 和沿 x 轴方向的 $q(x)$，如图 4.1 所示。裂纹表面应力与岩石中径向、切向应力分量满足：

$$
\begin{aligned}
p(x) &= \sigma_{t2}\sin^2\beta + \sigma_{r2}\cos^2\beta \\
q(x) &= (\sigma_{t2} - \sigma_{r2})\sin\beta\cos\beta
\end{aligned}
\tag{4.1}
$$

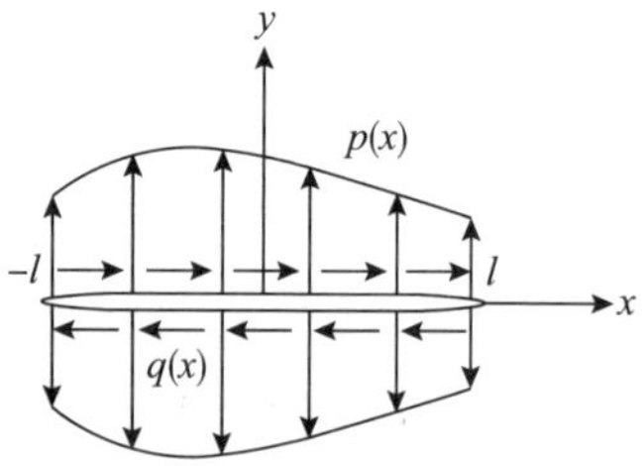

图 4.1　初始裂纹表面应力状态

由于裂纹表面同时受到拉力和剪力，该裂纹为Ⅰ-Ⅱ复合型裂纹，分别计算其Ⅰ型应力强度因子和Ⅱ型应力强度因子，研究不同形式下的裂纹扩展特征。当裂纹表面只受拉伸荷载时，用求解Ⅰ型裂纹的 Westergaard 应力函数 $Z_{\mathrm{I}}(z)$ 表示的裂纹应力分量为[170]：

$$
\begin{aligned}
\sigma_x &= \mathrm{Re}Z_{\mathrm{I}}(z) - y\mathrm{Im}Z_{\mathrm{I}}'(z) \\
\sigma_y &= \mathrm{Re}Z_{\mathrm{I}}(z) + y\mathrm{Im}Z_{\mathrm{I}}'(z) \\
\tau_{xy} &= -y\mathrm{Re}Z_{\mathrm{I}}'(z)
\end{aligned}
\tag{4.2}
$$

根据裂纹表面应力状态，得到满足边界条件的应力函数为：

$$
Z_{\mathrm{I}}(z) = \int_{-l}^{l} \frac{p(\xi)\sqrt{l^2 - \xi^2}}{\pi(z - \xi)\sqrt{z^2 - l^2}} d\xi \tag{4.3}
$$

由于岩石中初始裂纹平均长度较小（$l_0 < 20\mu\mathrm{m}$），可假设沿初始裂纹表面应力分布是均匀的，即 $p(x) = p(\xi)$。为了便于计算，将坐标原点由裂纹长

度中点移至裂纹右尖端，新的坐标位置为：$\zeta = z - l$，裂纹尖端的Ⅰ型应力强度因子 Γ_{I} 可表示为：

$$\Gamma_{\mathrm{I}} = \lim_{|\zeta| \to 0} \sqrt{2\pi\zeta} \cdot Z_{\mathrm{I}}(\zeta) \tag{4.4}$$

将式（4.3）代入式（4.4）中得：

$$\Gamma_{\mathrm{I}} = p(\xi) \sqrt{\pi l} \tag{4.5}$$

只考虑裂纹尖端附近的一个微小区域时，则近似成立以下关系：

$$Z_{\mathrm{I}}(\zeta) = \Gamma_{\mathrm{I}} / (\sqrt{2\pi\zeta}) \tag{4.6}$$

将复变函数 ζ 以极坐标的形式表示为：

$$\zeta = Y e^{i\theta} = Y(\cos\theta + i\sin\theta) \tag{4.7}$$

将式（4.7）代入式（4.6）中得：

$$Z_{\mathrm{I}}(\zeta) = \frac{\Gamma_{\mathrm{I}}}{\sqrt{2\pi Y}}\left(\cos\frac{\theta}{2} - i\sin\frac{\theta}{2}\right)$$

$$Z_{\mathrm{I}}'(\zeta) = -\frac{\Gamma_{\mathrm{I}}}{2\sqrt{2\pi}} Y^{-\frac{3}{2}}\left(\cos\frac{3\theta}{2} - i\sin\frac{3\theta}{2}\right) \tag{4.8}$$

将式（4.8）代入式（4.2）中得到Ⅰ型裂纹尖端的应力分量为：

$$\sigma_{x}(Y,\ \theta) = \frac{K_{\mathrm{I}}}{\sqrt{2\pi Y}}\cos\frac{\theta}{2}\left(1 - \sin\frac{\theta}{2}\sin\frac{3\theta}{2}\right)$$

$$\sigma_{y}(Y,\ \theta) = \frac{\Gamma_{\mathrm{I}}}{\sqrt{2\pi Y}}\cos\frac{\theta}{2}\left(1 + \sin\frac{\theta}{2}\sin\frac{3\theta}{2}\right)$$

$$\tau_{xy}(Y,\ \theta) = \frac{\Gamma_{\mathrm{I}}}{\sqrt{2\pi Y}}\cos\frac{\theta}{2}\sin\frac{\theta}{2}\cos\frac{3\theta}{2} \tag{4.9}$$

当裂纹表面只有剪切应力时，用求解Ⅱ型裂纹的 Westergaard 应力函数表示的应力分量为[170]：

$$\sigma_{x} = 2\mathrm{Im}Z_{\mathrm{II}}(z) + y\mathrm{Re}Z_{\mathrm{II}}'(z)$$

$$\sigma_{y} = -y\mathrm{Re}Z_{\mathrm{II}}'(z)$$

$$\tau_{xy} = \mathrm{Re}Z_{\mathrm{II}}(z) - y\mathrm{Im}Z_{\mathrm{II}}'(z) \tag{4.10}$$

根据裂纹表面沿 x 轴方向的应力状态，得到满足边界条件的应力函数为：

$$Z_{\mathrm{II}}(z)=\int_{-l}^{l}\frac{q(\xi)\sqrt{l^2-\xi^2}}{\pi(z-\xi)\sqrt{z^2-l^2}}\mathrm{d}\xi \tag{4.11}$$

由此可得Ⅱ型裂纹尖端应力强度因子：

$$\Gamma_{\mathrm{II}}=\lim_{|\zeta|\to 0}\sqrt{2\pi\zeta}\cdot Z_{\mathrm{II}}(\zeta)=q(\xi)\sqrt{\pi l} \tag{4.12}$$

类比Ⅰ型裂纹尖端应力场求解方法，得到Ⅱ型裂纹尖端应力场分量为：

$$\sigma_{x}(Y,\theta)=-\frac{\Gamma_{\mathrm{II}}}{\sqrt{2\pi Y}}\sin\frac{\theta}{2}\left(2+\cos\frac{\theta}{2}\cos\frac{3\theta}{2}\right)$$

$$\sigma_{y}(Y,\theta)=\frac{\Gamma_{\mathrm{II}}}{\sqrt{2\pi Y}}\cos\frac{\theta}{2}\sin\frac{\theta}{2}\cos\frac{3\theta}{2}$$

$$\tau_{xy}(Y,\theta)=\frac{\Gamma_{\mathrm{II}}}{\sqrt{2\pi Y}}\cos\frac{\theta}{2}\left(1-\sin\frac{\theta}{2}\sin\frac{3\theta}{2}\right) \tag{4.13}$$

基于式（4.9）和式（4.13），采用叠加法，得到Ⅰ-Ⅱ复合型裂纹尖端应力场分量为：

$$\sigma_{Y}=\frac{p(\xi)\sqrt{\pi l}}{\sqrt{2\pi Y}}\cos\frac{\theta}{2}\left(1+\sin^2\frac{\theta}{2}\right)+\frac{q(\xi)\sqrt{\pi l}}{\sqrt{2\pi Y}}\sin\frac{\theta}{2}\left(1-3\sin^2\frac{\theta}{2}\right)$$

$$\sigma_{\theta}=\frac{p(\xi)\sqrt{\pi l}}{\sqrt{2\pi Y}}\cos^3\frac{\theta}{2}+\frac{q(\xi)\sqrt{\pi l}}{\sqrt{2\pi Y}}\left(-3\sin\frac{\theta}{2}\cos^2\frac{\theta}{2}\right)$$

$$\sigma_{Y\theta}=\frac{p(\xi)\sqrt{\pi l}}{\sqrt{2\pi Y}}\sin\frac{\theta}{2}\cos^2\frac{\theta}{2}+\frac{q(\xi)\sqrt{\pi l}}{\sqrt{2\pi Y}}\cos\frac{\theta}{2}\left(1-3\sin^2\frac{\theta}{2}\right) \tag{4.14}$$

采用极坐标方式表示的复合裂纹尖端应力场如图 4.2 所示。

4.1.2 初始裂纹尖端应力强度因子及开裂方向

初始裂纹尖端在不同扩展模式下的应力强度因子分别为：

$$\Gamma_{\mathrm{I}}=\lim_{\gamma\to 0}\left(\sigma_{\theta}\sqrt{2\pi Y}\right)$$

$$\Gamma_{\mathrm{II}}=\lim_{\gamma\to 0}\left(\sigma_{\gamma\theta}\sqrt{2\pi Y}\right) \tag{4.15}$$

将式（4.14）代入式（4.15）得到：

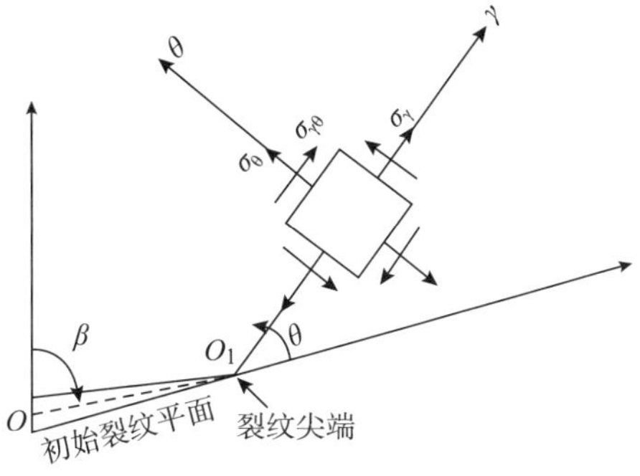

图 4.2　Ⅰ-Ⅱ复合型裂纹尖端应力场

$$\Gamma_{\mathrm{I}} = p(\xi)\ \sqrt{\pi l}\cos^3\frac{\theta}{2} + q(\xi)\ \sqrt{\pi l}\left(-3\sin\frac{\theta}{2}\cos^2\frac{\theta}{2}\right)$$

$$\Gamma_{\mathrm{II}} = p(\xi)\ \sqrt{\pi l}\sin\frac{\theta}{2}\cos^2\frac{\theta}{2} + q(\xi)\ \sqrt{\pi l}\cos\frac{\theta}{2}\left(1 - 3\sin^2\frac{\theta}{2}\right) \quad (4.16)$$

初始裂纹以不同模式发生开裂的方向 θ_{IC} 和 θ_{IIC} 通过以下条件求得[171]：

$$\frac{\partial\Gamma_{\mathrm{I}}}{\partial\theta} = 0,\quad \frac{\partial^2\Gamma_{\mathrm{I}}}{\partial\theta^2} < 0$$

$$\frac{\partial\Gamma_{\mathrm{II}}}{\partial\theta} = 0,\quad \frac{\partial^2\Gamma_{\mathrm{II}}}{\partial\theta^2} < 0 \quad (4.17)$$

将式（4.1）代入式（4.16）中，并根据式（4.17）可得到复合矿物岩石结构中弱损耗矿物应力状态对裂纹应力强度因子变化和开裂方向的影响，规定开裂方向与初始裂纹平面的夹角沿逆时针方向为正向，当裂纹初始倾角 $\beta=0°$ 时，裂纹只发生Ⅱ型扩展，且开裂方向不受应力状态的影响，均为 $\theta_{\mathrm{IIC}} = -70.5°$。对于复合型裂纹，哪一种应力强度因子 Γ_{I} 或 Γ_{II} 先超过相应的断裂韧度，则优先发生对应模式的开裂行为，因此探讨两种应力强度因子的相对大小对研究裂纹开裂行为具有重要价值。进一步，可追溯到决定两种应力强度大小的岩石应力场分布，即应力径向分量与切向分量的相对大小，因此定义弱损耗矿物应力状态参量 $|\sigma_{r2}/\sigma_{t2}|$，该参量取值不同时，应力强度因子的变化规律和开裂方向如表 4.1 中所列，其中应力强度因子通过因子 $|\sigma_0|\sqrt{\pi l}$ 进行标准化，$|\sigma_0| = 1\ \mathrm{Pa}$。

表 4.1 复合矿物岩石应力状态对裂纹应力强度因子变化和开裂方向的影响

β/(°)	$\|\sigma_{r2}/\sigma_{t2}\|$	$\Gamma_{\mathrm{Imax}}/(\|\sigma_0\|\sqrt{\pi l})$	θ_{IC}/(°)	$\Gamma_{\mathrm{II\,max}}/(\|\sigma_0\|\sqrt{\pi l})$	θ_{IIC}/(°)
10	0.5	0.124	-103.9	0.309	-25.9
	1.0	0.105	-118.2	0.495	-35.6
	1.5	0.102	-125.1	0.691	-40.0
	1.9	0.104	-128.4	0.851	-42.0
20	0.5	0.401	-83.7	0.497	-10.8
	1.0	0.413	-93.6	0.705	-18.4
	1.5	0.442	-99.3	0.925	-22.6
	1.9	0.472	-102.2	1.104	-24.7
30	0.5	0.684	-74.2	0.651	-3.1
	1.0	0.756	-81.8	0.886	-9.3
	1.5	0.842	-86.3	1.132	-12.9
	1.9	0.917	-88.8	1.332	-14.8
40	0.5	0.920	-67.5	0.740	2.6
	1.0	1.046	-73.9	0.987	-2.9
	1.5	1.184	-77.9	1.244	-6.2
	1.9	1.300	-80.1	1.452	-8.0
50	0.5	1.078	-61.1	0.752	8.3
	1.0	1.235	-67.2	0.987	2.9
	1.5	1.404	-71.0	1.231	-0.4
	1.9	1.544	-73.2	1.430	-2.3
60	0.5	1.144	-53.7	0.691	15.2
	1.0	1.299	-60.0	0.886	9.3
	1.5	1.466	-64.1	1.092	5.6
	1.9	1.605	-66.4	1.260	3.6
70	0.5	1.123	-43.5	0.575	25.2
	1.0	1.240	-50.3	0.705	18.4
	1.5	1.370	-55.0	0.847	14.0
	1.9	1.479	-57.8	0.965	11.4

续表

β / (°)	$\lvert\sigma_{r2}/\sigma_{t2}\rvert$	$\Gamma_{\mathrm{I}\max}/(\lvert\sigma_0\rvert\sqrt{\pi l})$	θ_{IC} / (°)	$\Gamma_{\mathrm{II}\max}/(\lvert\sigma_0\rvert\sqrt{\pi l})$	θ_{IIC} / (°)
80	0.5	1.048	−26.8	0.445	42.4
	1.0	1.096	−33.3	0.495	35.6
	1.5	1.155	−38.5	0.553	30.2
	1.9	1.207	−42.0	0.605	26.7
90	0.5	1	0	0.385	70.5
	1.0	1	0	0.385	70.5
	1.5	1	0	0.385	70.5
	1.9	1	0	0.385	70.5

通过表 4.1 可以发现，初始裂纹倾角在 0°和 90°时，分别发生Ⅱ型、Ⅰ型扩展。在裂纹初始倾角 $\beta \leqslant 50°$时，Ⅰ型应力强度因子小于Ⅱ型应力强度因子，但是在初始倾角由 0°增加到 50°的过程中，Ⅰ型应力强度因子随着初始倾角 β 的增加而增加，且随着应力状态参量 $\lvert\sigma_{r2}/\sigma_{t2}\rvert$ 增加而增加。当初始倾角 $\beta = 40°$时，Ⅱ型应力强度因子达到最大，之后随着初始倾角的增加而减小；当初始倾角 $\beta = 60°$时，Ⅰ型应力强度因子达到最大，之后随着初始倾角的增加而减小。

对于一般的脆性岩石，Ⅱ型断裂韧度 $\Gamma_{\mathrm{II\,C}}$ 是Ⅰ型断裂韧度 $\Gamma_{\mathrm{I\,C}}$ 的 2 ~ 3 倍[171]，当 $\lvert\sigma_{r2}/\sigma_{t2}\rvert = 0.5$， 1，$0 < \beta \leqslant 10°$时，$\Gamma_{\mathrm{II}\max} > 2\Gamma_{\mathrm{I}\max}$；此外，当 $\lvert\sigma_{r2}/\sigma_{t2}\rvert = 1.5$， 1.9，$0 < \beta \leqslant 20°$时，也满足 $\Gamma_{\mathrm{II}\max} > 2\Gamma_{\mathrm{I}\max}$。即在裂纹所处的弱损耗矿物中，该位置处的应力状态满足以上关系，且裂纹初始平面与切向的夹角也同时满足以上条件，则裂纹发生Ⅱ型扩展，在其余状态下，均有 $\Gamma_{\mathrm{II}\max} < 2\Gamma_{\mathrm{I}\max}$。可见在微波能量作用下，在弱损耗矿物中产生的应力场分布状态下，初始裂纹发生Ⅱ型开裂扩展的条件远比Ⅰ型开裂扩展严苛，所以裂纹更有可能发生Ⅰ型开裂。

发生Ⅰ型扩展的裂纹，当 $\beta < 90°$时，裂纹扩展方向均沿顺时针方向，扩展角度随着 β 的增大而减小，随着 $\lvert\sigma_{r2}/\sigma_{t2}\rvert$ 的增大而增大。当裂纹倾角 $\beta =$

60°时，Γ_{Imax} 取得最大值。当裂纹倾角 $\beta = 90°$时，裂纹沿原裂纹平面发生扩展，且应力强度因子不随裂纹所处的应力状态发生改变。

4.1.3 裂纹扩展所需的临界微波能量

基于微波电磁场中弱损耗矿物应力状态及相应的应力强度因子变化规律，初始裂纹通常会优先发生Ⅰ型扩展，根据 Erdogan 和 sih[172] 提出的最大周向拉应力断裂判据研究裂纹发生开裂扩展的临界应力，根据微波能量输入与热应力之间的关系得到初始裂纹开裂所需的临界微波能量。

假设：(1) 裂纹由其尖端沿径向发生扩展；(2) 裂纹沿着垂直于最大切向拉应力的平面发生扩展。对式 (4.14) 中的应力 σ_θ 关于 θ 求偏导：

$$\frac{\partial\sigma_\theta}{\partial\theta} = \frac{-3}{4\sqrt{2\pi Y}}\cos\frac{\theta}{2}\left[p(\xi)\sqrt{\pi l}\cdot\sin\theta + q(\xi)\sqrt{\pi l}\cdot(3\cos\theta - 1)\right] \tag{4.18}$$

当 $\partial\sigma_\theta/\partial\theta = 0$，$\partial^2\sigma_\theta/\partial\theta^2 < 0$ 时，得到：

$$\cos\frac{\theta_C}{2}\left[p(\xi)\sqrt{\pi l}\cdot\sin\theta_C + q(\xi)\sqrt{\pi l}\cdot(3\cos\theta_C - 1)\right] = 0 \tag{4.19}$$

求得的 θ 值即为裂纹沿垂直于最大切向拉应力方向扩展的扩展角 θ_C。式 (4.19) 中，当 $\cos(\theta_C/2) = 0$ 时，$\theta_C = \pm\pi$，对应的开裂方向指向原裂纹面内部，是无意义的，因此裂纹开裂方向 θ_C 取决于以下方程：

$$p(\xi)\sqrt{\pi l}\cdot\sin\theta_C + q(\xi)\sqrt{\pi l}\cdot(3\cos\theta_C - 1) = 0 \tag{4.20}$$

将求解式 (4.20) 得到的 θ_C 代入式 (4.14) 中，即得到裂纹发生开裂时对应的最大切向拉应力 $\sigma_{\theta\max}$：

$$\sigma_{\theta\max} = \frac{p(\xi)\sqrt{\pi l}}{\sqrt{2\pi Y}}\cos^3\frac{\theta_C}{2} + \frac{q(\xi)\sqrt{\pi l}}{\sqrt{2\pi Y}}\left(-3\sin\frac{\theta_C}{2}\cos^2\frac{\theta_C}{2}\right) \tag{4.21}$$

在最大拉应力 $\sigma_{\theta\max}$ 作用下，裂纹应力强度因子达到其最大值 Γ_{Imax}，该值达到其断裂韧度时，即为裂纹发生扩展的断裂判据，得到具体的断裂判据表达式：

$$\Gamma_{\mathrm{Imax}} = \lim_{Y\to 0}\left(\sigma_{\theta\max}\sqrt{2\pi Y}\right) = \Gamma_{\mathrm{IC}} \tag{4.22}$$

将式（4.21）代入式（4.22）中得：

$$p(\xi)\ \sqrt{\pi l}\cos^{3}\frac{\theta_{\mathrm{C}}}{2}+q(\xi)\ \sqrt{\pi l}\left(-3\sin\frac{\theta_{\mathrm{C}}}{2}\cos^{2}\frac{\theta_{\mathrm{C}}}{2}\right)=\Gamma_{\mathrm{IC}} \qquad (4.23)$$

基于式（4.23），对于位于 $r=\xi$ 处的初始裂纹，即可得到该裂纹发生扩展所需的临界应力。

根据前述微波能量作用下玄武岩的加热响应特征实验结果，在不同功率（2 kW，3 kW，4 kW，5 kW）照射下，岩石试样发生宏观断裂失效时对应的微波能量输入均接近 240 kJ，在此能量输入下，对于复合矿物结构岩石，弱损耗介质矿物，即斜长石中的应力状态参量 $|\sigma_{r2}/\sigma_{t2}|$ 分布规律如图 4.3 所示。可见在微波能量输入相同的情况下，功率对于应力状态参量分布规律的影响不明显，且当功率为 3 kW 时，$|\sigma_{r2}/\sigma_{t2}|$ 的值最大，功率为 5 kW 时对应的 $|\sigma_{r2}/\sigma_{t2}|$ 值最小，由此可发现径向应力分量相对切向应力分量随着功率提高的增量较小。

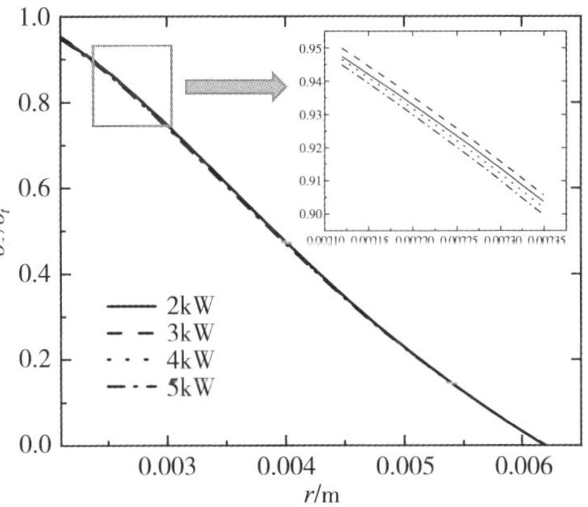

图 4.3　微波加热复合矿物结构玄武岩中斜长石内部应力状态参量分布规律

在磁铁矿-斜长石界面处，忽略功率对应力状态参量的影响，取 $\sigma_{r2}/\sigma_{t2}\simeq 0.95$，根据表 4.1，在初始倾角 $50<\beta\leqslant 90°$ 范围内，裂纹优先发生 Ⅰ 型扩展。根据式（4.20）和式（4.23）得到裂纹初始倾角对复合矿物岩石强-弱损耗矿物界面裂纹尖端应力强度因子最大值 Γ_{Imax} 和开裂方向 θ_{C} 的影响规律，如图

4.4 所示。其中裂纹初始长度基于微波加热前玄武岩中裂纹分布特征细观实验结果取 $l_0 = 1.2 \times 10^{-5}$m 。根据已有文献中[173]的研究数据，取玄武岩断裂韧度为 $\Gamma_{IC} = 0.86 \times 10^6$ Pa · m$^{1/2}$，则可进一步研究界面裂纹开裂情况。

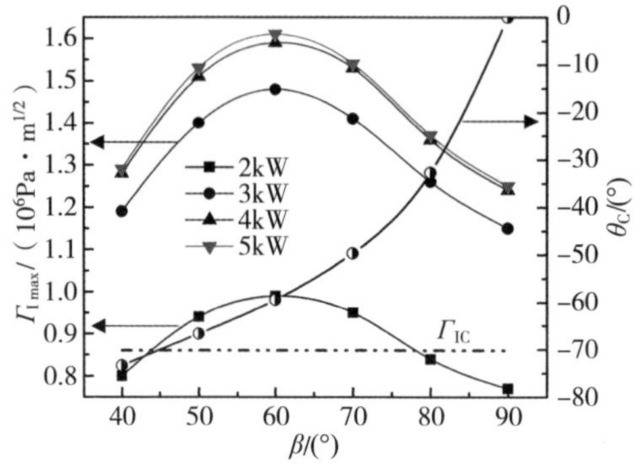

图 4.4　初始倾角对微波加热玄武岩中磁铁矿-斜长石界面裂纹开裂行为的影响规律

在照射功率为 2 kW，$44 < \beta < 78°$时，裂纹最大应力强度因子 Γ_{Imax} 超过了岩石断裂韧度 Γ_{IC}，在此条件下，初始裂纹可以发生张拉扩展。当功率提高到 3 kW 以上时，可发生张拉扩展的裂纹所对应的初始倾角范围进一步增大，达到了 $40 \leqslant \beta \leqslant 90°$。此外，我们看到裂纹开裂方向角度 θ_C 均为负值。即玄武岩在各功率微波照射下发生断裂破碎时，磁铁矿-斜长石界面处大范围内初始裂纹都已发生了开裂扩展，且裂纹扩展都沿顺时针方向，随初始倾角的增大而减小，在微波能量相同的情况下，基本不会受到功率强度的影响。

初始裂纹的倾角为$\beta = 60°$时，裂纹的Ⅰ型应力强度因子达到最大值，即相同应力状态下，拥有该初始角度的裂纹最先发生扩展，基于式（4.23）和式（2.44），可得到该初始倾斜角度下裂纹发生扩展时的临界应力及相应的微波能量。磁铁矿-斜长石界面裂纹发生Ⅰ型扩展时，所需的临界微波能量及相应的临界温度变化规律如图 4.5 中所示。

各功率下磁铁矿-斜长石界面裂纹发生扩展的临界时间分别为 110 s（P=2 kW），50 s（P=3 kW），35 s（P=4 kW），26 s（P=5 kW）。结合微波能量作用下玄武岩加热响应特征实验结果，从细观裂纹开裂扩展直到整个试样发

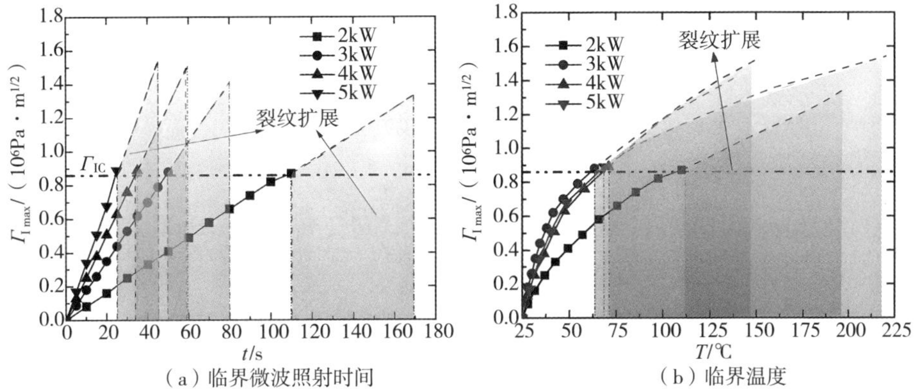

（a）临界微波照射时间　（b）临界温度

图 4.5　玄武岩中磁铁矿-斜长石界面裂纹开裂所需的临界微波能量及对应温度

生断裂破碎所需的时间为 170 s（P=2 kW），80 s（P=3 kW），60 s（P=4 kW），45 s（P=5 kW）。可见微波照射下玄武岩中裂纹开裂所需的临界照射时间随着功率的提高而降低，且各功率（2 kW，3 kW，4 kW，5 kW）下，从强-弱损耗介质矿物界面裂纹开裂到岩石整体宏观断裂失效所需的时间分别为：60 s，30 s，25 s，19 s，可见提高微波功率水平可以加速由细观裂纹开裂扩展到岩石宏观断裂的进程。此外，当功率由 2 kW 增加到 3 kW 时，对于加速界面裂纹开裂和岩石宏观断裂破碎的效果最明显。

由图 4.5（b）得到磁铁矿-斜长石界面裂纹开裂时岩石的温度升高情况，功率为 2 kW 时，裂纹开裂扩展时的岩石表面温度为 110 ℃，而提高照射功率为 3 kW，4 kW，5 kW 时，裂纹开始扩展时岩石表面温度相差很小，在 64~71 ℃。因为在实际岩石加热过程中，无法实现外边界完全隔热，导致测得的岩石表面温度低于实际加热达到的温度，即在界面裂纹开裂扩展时，对应位置处，岩石内部的温度要高于图 4.5（b）中显示的岩石表面温度，但是实际临界温度随功率的变化规律是一致的。

各功率下，随着微波照射时间的增加，界面裂纹开裂扩展后，弱损耗介质矿物斜长石内部的裂纹尖端应力强度因子也会逐渐增加达到断裂临界条件，斜长石中发生裂纹开裂扩展的区域逐渐增大。当微波总能量输入一定，为 240 kJ

时，微波功率对斜长石中裂纹开裂扩展行为即裂纹扩展区域的影响规律如图 4.6 所示。

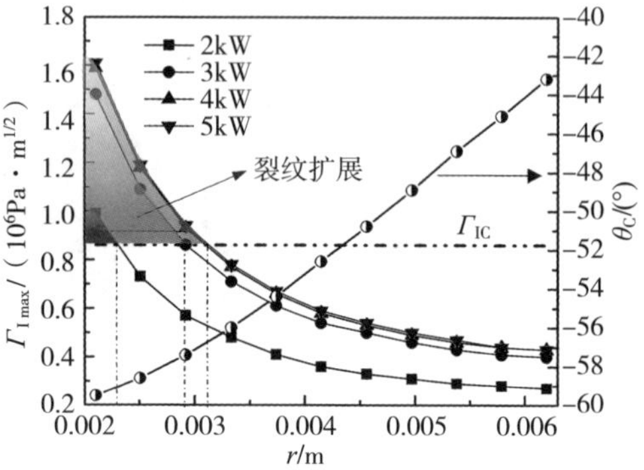

图 4.6 微波功率对斜长石内部裂纹开裂行为和开裂范围的影响规律

当照射功率为 2 kW 时，只有在 0.0021~0.0023 m 的范围内裂纹应力强度因子大于断裂韧度，产生裂纹扩展。当照射功率提高到 3 kW 时，发生裂纹扩展的区域明显增加；当功率继续增加到 4 kW 时，发生裂纹扩展的区域又有轻微增加；而当功率为 5 kW 时，发生裂纹扩展的区域基本没有增加。基质内裂纹扩展也都沿顺时针方向，随初始倾角的增大而减小，微波能量相同的情况下不会受到功率的影响。

进一步研究微波照射下，随着岩石表面温度升高，斜长石矿物内部发生裂纹开裂区域范围的定量发展规律，由于当 $\beta = 60°$时，裂纹最先发生 Ⅰ 型扩展，因此我们针对该初始倾角的裂纹扩展范围变化规律进行研究，定义裂纹开裂扩展范围量化指标 $\Delta r = (r_c - r_1) / (r_2 - r_1)$ ，得到斜长石中裂纹开裂范围定量变化规律如图 4.7 所示。各功率下，斜长石中裂纹开裂范围随着照射时间的增加呈近似线性增加，进一步可以得到裂纹开裂范围的传播速率，各功率（2 kW，3 kW，4 kW，5 kW）下，分别为：0.10%/s，0.23%/s，0.32%/s，0.47%/s，可见裂纹开裂范围的传播速率也在随着功率的增加而增加。对比玄武岩在微波加热过程中的断裂破碎特征实验结果，可发现随着功率提高，破碎程度越大，这是因为高功率下，发生细观裂纹开裂扩展的范围增大，各局部范围的裂纹开裂破碎均对岩石整体宏观断裂产生贡献，表现为岩石破碎程度更彻底。

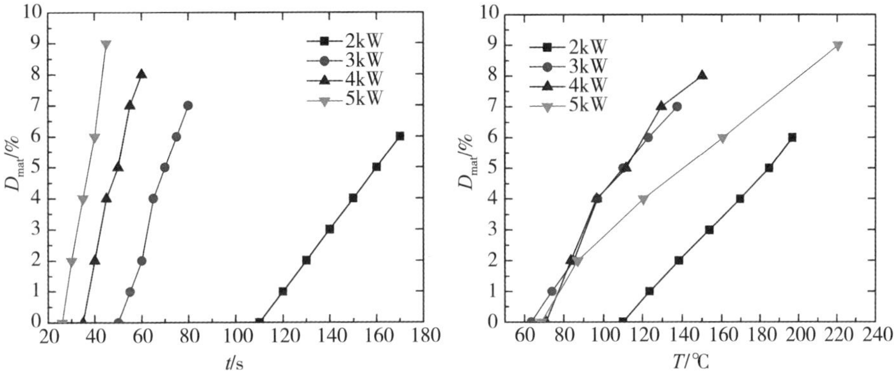

（a）临界微波照射时间的影响　　（b）岩石温度的影响

图 4.7　微波加热玄武岩内部斜长石矿物中裂纹开裂范围定量变化规律

由图 4.7（b）可以发现微波照射下随着岩石温度升高，裂纹开裂扩展范围逐渐增大。值得注意的是，相同裂纹扩展范围情况下，2 kW 时岩石温度最高，3 kW 和 4 kW 时的岩石温度相接近，但是低于 5 kW 时的温度。对于 2 kW 照射功率，相同裂纹扩展范围下所需的照射时间较长，因此更多的热量由强损耗介质矿物磁铁矿传导至周围弱损耗矿物，即斜长石中，导致岩石表面温度较高。而在 5 kW 功率照射下，由于磁铁矿升温速率急剧提高，使其热扩散系数增大，传导至周围斜长石中的热量迅速增多，从而使整个岩石的表面温度迅速升高。也就是说，在 2 kW 和 5 kW 功率微波加热下，达到相同裂纹开裂范围效果时，两种功率下岩石表面温度均比较高，但是导致岩石温度较高的原因不同，低功率下表面温度高的原因是加热时间长，对应的热传导时间也增大，而高功率下，虽然时间较短，但是在强弱损耗介质矿物间形成的温度梯度大，单位时间通过界面的热流量密度增大，导致岩石整体温度较高。可见，由于受热传导的影响，裂纹开裂扩展范围与岩石温度之间的对应关系比较复杂。

4.1.4 矿物结构对岩石初始裂纹扩展规律的影响分析

通过对比分析花岗岩中两种矿物结构：磁铁矿-石英和黑云母-石英中的裂纹开裂扩展行为，并综合玄武岩中的裂纹开裂行为，探讨矿物结构对微波热致初始裂纹开裂扩展行为的影响。

花岗岩中不同强损耗矿物周围弱损耗矿物内部的应力状态参量 σ_{r2}/σ_{t2} 分布规律如图 4.8 所示。为了排除矿物含量对结果的影响，所研究的强损耗矿物磁铁矿和黑云母的含量与玄武岩磁铁矿-斜长石中磁铁矿的含量一致。在图 4.8（a）中，可以看到应力状态参量 σ_{r2}/σ_{t2} 的值随着照射功率的增大而减小，且在界面处减小得最多。在同一功率照射下，照射时间对应力状态参量 σ_{r2}/σ_{t2} 的值基本无影响。

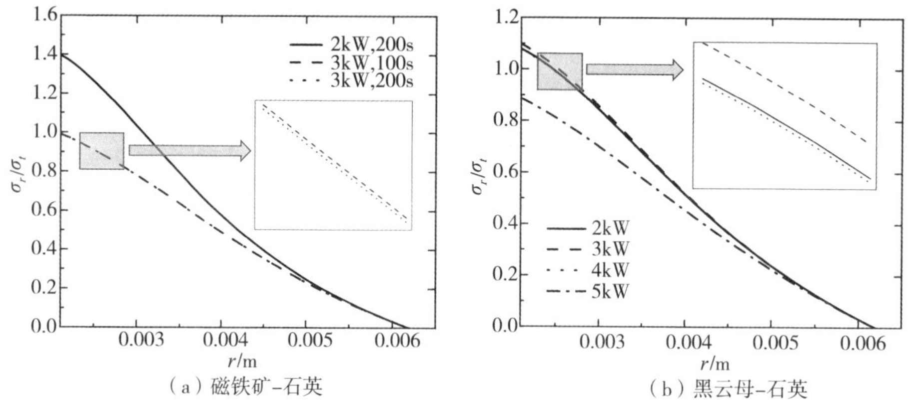

（a）磁铁矿-石英　　（b）黑云母-石英

图 4.8　矿物结构对微波热致应力状态参量分布规律的影响

因为黑云母的升温速率远小于磁铁矿，照射过程中在黑云母-石英中产生的应力较小，在黑云母-石英复合矿物应力状态参量研究中，各功率采用的微波照射时间均为 200 s。由图 4.8（b）中可以看到，当照射功率为 2 kW，3 kW，4 kW 时，黑云母-石英界面处径向与切向应力的比值非常接近且 $\sigma_{r2}/\sigma_{t2} \simeq 1.10$；当照射功率为 5 kW 时，内边界处 $\sigma_{r2}/\sigma_{t2} = 0.89$。可见相同照射时间下，功率增加到一定程度后，黑云母-石英中应力状态参量的值会随着功率的提高而减小，即应力切向分量随功率的提高的增加量大于径向分量的增加量。磁铁矿-石英和黑云母-石英复合矿物界面处应力状态参量取值范围是 $1.0 \leqslant \sigma_{r2}/\sigma_{t2} \leqslant 1.4$，根据表 4.1，当初始倾角 $50 < \beta \leqslant 90°$时，两种复合矿物结构中异相矿物界面裂纹，其在不同模式下的应力强度因子均满足：$\Gamma_{\mathrm{Imax}} > \Gamma_{\mathrm{IImax}}$，即在此初始裂纹条件下，磁铁矿-石英和黑云母-石英界面裂纹首先发生 I 型扩展。

不同复合矿物组合界面处，初始裂纹开裂扩展行为随着初始倾斜角度的变化规律如图 4.9 所示。基于未经微波加热的花岗岩中初始裂纹分布特征量化分析结果，取初始裂纹长度 $l_0 = 1.3 \times 10^{-5}$ m，基于已有文献中[174]花岗岩断裂韧度研究结果，取其断裂韧度参数为 $\Gamma_{\mathrm{IC}} = 1.35 \times 10^6$ Pa・m$^{1/2}$。

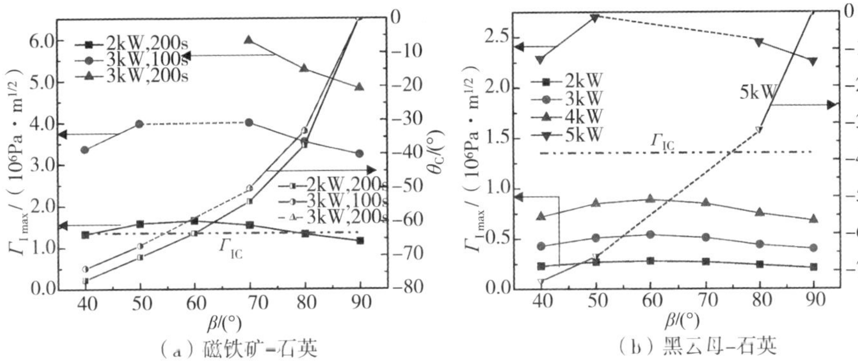

图 4.9　初始倾角对不同矿物结构中异相矿物界面裂纹开裂行为的影响

当照射功率为 2 kW，在初始倾角 $40 < \beta < 80°$的范围内，裂纹应力强度因子 $\Gamma_{\mathrm{Imax}} > \Gamma_{\mathrm{IC}}$，磁铁矿-石英界面裂纹会发生扩展；当 $\beta > 80°$时，裂纹应力强度因子 $\Gamma_{\mathrm{Imax}} < \Gamma_{\mathrm{IC}}$，此倾角范围内的裂纹不发生扩展。当照射功率提高到 3 kW，照射时间为 120 s，初始倾角 $\beta = 60°$时，求得的应力强度因子 $\Gamma_{\mathrm{I\,max}} < 0$，裂纹不会发生扩展；在其余 $40 \leqslant \beta \leqslant 50°$以及 $70 \leqslant \beta \leqslant 90°$的范围内，裂纹应力强度因子 $\Gamma_{\mathrm{Imax}} > \Gamma_{\mathrm{IC}}$，界面裂纹均发生 I 型扩展，且在 $\beta = 70°$时，裂纹应力强度因子达到最大值。保持照射功率为 3 kW，提高照射时间为 200 s 时，在初始倾角 $40 \leqslant \beta \leqslant 70°$范围内，裂纹应力强度因子均小于 0，裂纹不发

生扩展，而在初始倾角 $70 \leqslant \beta \leqslant 90°$ 的范围内，裂纹应力强度因子远大于断裂韧度，且 $\beta = 70°$ 时，裂纹应力强度因子最大达到 5.97 $Pa \cdot m^{1/2}$。在裂纹强度因子大于 0 的情况下，应力强度因子随照射时间和功率的增大而增大。

磁铁矿-石英中界面裂纹扩展方向也是沿与初始裂纹平面呈顺时针转角方向，随初始倾角增大而减小。此外，我们发现当照射功率都为 3 kW 时，裂纹扩展方向在 120 s 和 200 s 时基本相同，而当功率为 2 kW 时，相同初始倾角下，裂纹扩展角明显增大。由此可以总结裂纹扩展方向随着初始倾角的增大而减小，随照射功率增大也在减小，照射时间对裂纹扩展方向基本无影响。

当照射功率小于 5 kW 时，在可能发生 I 型扩展的初始倾角范围内，黑云母-石英界面初始裂纹的应力强度因子 $\Gamma_{\mathrm{Imax}} < \Gamma_{\mathrm{IC}}$，因此在界面处裂纹不会发生扩展。当照射功率为 5 kW 时，在初始倾角 $40 \leqslant \beta \leqslant 50°$ 以及 $80 \leqslant \beta \leqslant 90°$ 范围内，裂纹应力强度因子 $\Gamma_{\mathrm{Imax}} > \Gamma_{\mathrm{IC}}$，裂纹沿与初始裂纹平面呈顺时针转角方向发生扩展，且应力强度因子在 $\beta = 50°$ 时最大；当初始倾角 $50 < \beta < 80°$ 时，裂纹应力强度因子 $\Gamma_{\mathrm{Imax}} < 0$，该倾角范围内的裂纹不会发生扩展。

对比花岗岩中磁铁矿-石英与玄武岩中磁铁矿-斜长石中界面裂纹应力强度因子的变化规律可知，在微波照射条件均为 2 kW，120 s 的情况下，磁铁矿-石英界面裂纹的应力强度因子大于磁铁矿-斜长石界面裂纹强度因子。石英的微波损耗能力弱于斜长石，温度升高速率极其缓慢，在照射过程中与磁铁矿形成的温度梯度大于磁铁矿与斜长石之间的温度梯度，实际花岗岩试样中磁铁矿含量较低，因而相同微波照射条件下产生的应力场小于玄武岩中磁铁矿-斜长石的应力场，当两种矿物组合中磁铁矿的含量相同时，磁铁矿-石英界面应力就会超过磁铁矿-斜长石界面的应力，其应力强度因子也大于磁铁矿-斜长石界面的应力强度因子。此外，对比三种矿物组合：磁铁矿-斜长石，磁铁矿-石英，黑云母-石英中，界面裂纹应力强度因子取得最大值时，对应的初始倾角也不同，可见初始裂纹发生开裂的优势角度会随着矿物结构的变化发生改变，同时，微波照射参数也会对此初始优势倾角产生影响。

在不同强损耗矿物周围石英内部的裂纹开裂扩展行为如图 4.10 所示。对于磁铁矿-石英矿物组合，照射功率为 2 kW 时，所研究的初始倾角 β = 60°，照射 120 s 后在半径 0.0021~0.0024 m 范围内，初始裂纹会发生扩展。此裂纹扩展范围大于磁铁矿-斜长石基质中裂纹扩展的范围。裂纹扩展方向沿原裂纹平面顺时针方向倾斜 62.5°~63.4°。照射功率为 3 kW，在裂纹初始倾角 β = 80°时，照射 120 s 后，在半径 0.0021~0.0046 m 范围内，初始裂纹会发生扩展，扩展方向沿原裂纹平面顺时针方向倾斜 24.4°~33.2°。保持照射功率为 3 kW，继续照射时间达到 200 s 时，石英基质内部的裂纹强度因子全部大于断裂韧度，所有裂纹都会发生扩展。

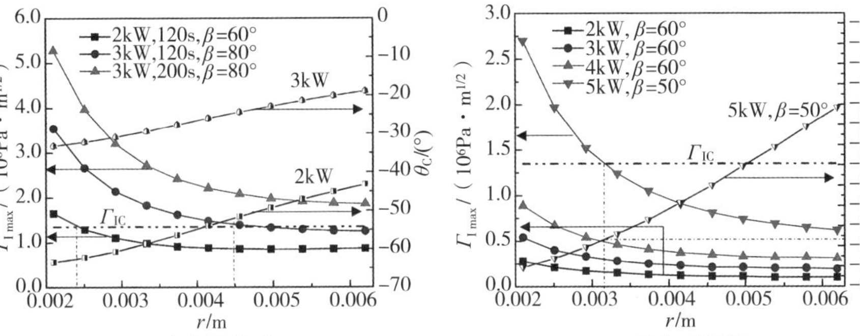

（a）磁铁矿　　（b）黑云母

图 4.10　不同强损耗矿物周围石英矿物内部裂纹开裂扩展行为

对比磁铁矿周围斜长石中的裂纹开裂扩展行为和玄武岩在微波照射下的宏观断裂破碎特征，3 kW 功率照射下，玄武岩在 80 s 时发生断裂破碎，对应的斜长石中裂纹开裂扩展范围为 0.0021~0.0029 m，对于磁铁矿-石英复合矿物结构，在相同微波能量输入下，石英矿物中发生裂纹开裂扩展的范围大于 0.0029 m，因此，若花岗岩中的磁铁矿含量与玄武岩中相同，花岗岩试样会在 80 s 之前发生宏观断裂破碎。

黑云母周围的石英矿物中，照射功率小于 5 kW 时，石英矿物内部的初始裂纹均不发生扩展，当照射功率达到 5 kW 时，在半径 0.0021~0.0031 m 范围内，初始裂纹会发生扩展，扩展方向沿原裂纹平面呈顺时针转角方向，扩展角随半径增加而减小，在发生裂纹扩展的半径范围内，所对应的裂纹开裂扩展角范围是63.2°~66.1°。综上，黑云母-石英界面及石英矿物内部只有在功率达到5 kW时才发生裂纹扩展。

对比磁铁矿-斜长石和磁铁矿-石英在微波照射下的裂纹扩展行为研究结果可知，强损耗矿物含量对复合矿物界面及弱损耗矿物内部的初始裂纹开裂扩展行为有很大的影响，据此我们进一步研究磁铁矿含量发生变化时，对磁铁矿-石英界面及石英内部裂纹扩展行为的影响，如图4.11所示，其中微波功率为3 kW，照射时间为120 s。

由图4.11（a）可知，随着强损耗矿物含量的增加，磁铁矿-石英界面处σ_{r2}/σ_{t2}的值减小，根据表4.1可以发现发生Ⅰ型扩展的裂纹倾角范围随着σ_{r2}/σ_{t2}减小而增大，即随着强损耗矿物含量的增加，发生Ⅰ型裂纹扩展的范围进一步增加。图4.11（b）中，磁铁矿-石英界面裂纹应力强度因子随着强损耗矿物含量的增加而增大，扩展角却随着强损耗矿物含量的增大而减小。在所研究的强损耗矿物磁铁矿含量范围内，经过3 kW的微波照射120 s后，磁铁矿-石英界面处的裂纹应力强度因子均超过其断裂韧度，裂纹发生扩展。在强损耗矿物颗粒半径$r_1 = 0.0013$ m处，当初始倾角$\beta = 60°$时，应力强度因子Γ_{Imax}取得最大值，为4.0×10^6 Pa·m$^{1/2}$。当强损耗矿物半径为0.0017 m，0.0021 m，初始倾角$\beta = 60°$时，裂纹应力强度因子$\Gamma_{\mathrm{Imax}} < 0$，裂纹不发生扩展。而当强损耗矿物半径为0.0017 m，初始倾角$\beta = 50°$时，Γ_{Imax}取得最大值，为3.89×10^6 Pa·m$^{1/2}$；当强损耗矿物半径为0.0021 m，初始倾角$\beta = 70°$时，应力强度因子最大值$\Gamma_{\mathrm{Imax}} = 4.00\times10^6$ Pa·m$^{1/2}$。

图4.11（c）中，在石英矿物内部，应力强度因子也是随着强损耗矿物含量的增加而增大。当$r_1 = 0.0013$ m，$\beta = 60°$时，产生裂纹扩展的半径范围是0.0013~0.0019 m，扩展角为（−61.7°）~（−61.3°）；当$r_1 = 0.0017$ m，$\beta = 50°$时，产生裂纹扩展的半径范围是0.0017~0.0033 m，扩展角为（−68.0°）~（−64.3°）；当$r_1 = 0.0021$ m，$\beta = 70°$时，部分半径范围内应力强度因子$\Gamma_{\mathrm{Imax}} < 0$，因此研究$\beta = 80°$时的应力强度因子沿半径变化规律，此时产生裂纹扩展的半径范围是0.0021~0.005 m，扩展角为（−33.2°）~（−22.9°）。综上分

析可知，强-弱损耗矿物界面处的裂纹应力强度因子随着强损耗矿物含量的增加而增加，在弱损耗介质矿物内部，产生裂纹扩展的范围随着强损耗矿物含量的增加而增大，而扩展角随着强损耗矿物含量增加而减小。

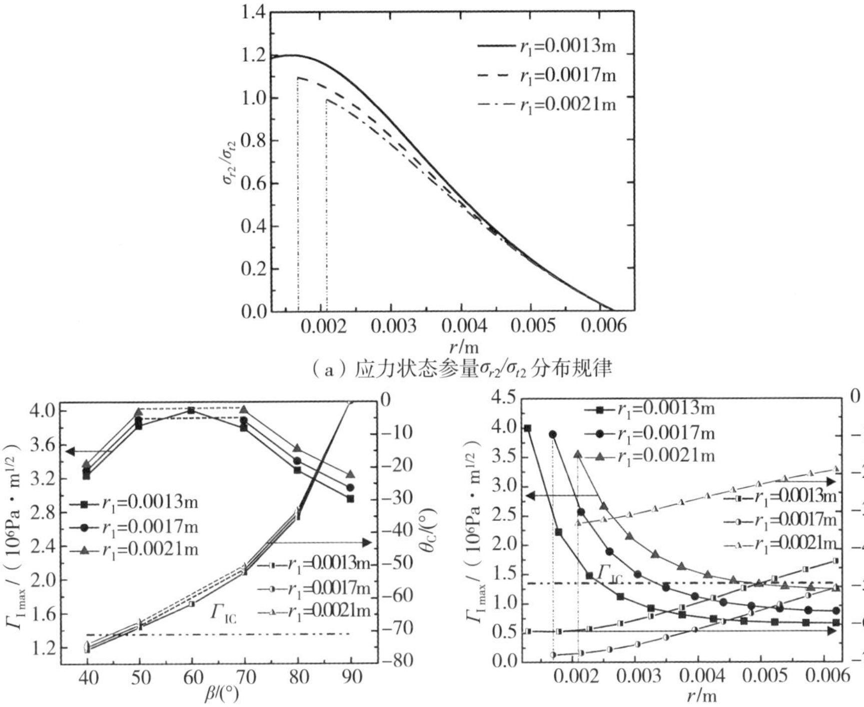

（a）应力状态参量σ_{r2}/σ_{t2}分布规律

（b）磁铁矿-石英界面　　（c）石英矿物内部

图 4.11　强损耗矿物含量对弱损耗矿物中裂纹开裂行为的影响

在我们所研究的花岗岩试样中，磁铁矿的含量仅为 1%，而且由以上研究可以发现在裂纹发生Ⅰ型拉伸扩展的初始倾角范围内 $40 \leqslant \beta \leqslant 90°$，也会出现应力强度因子 $\Gamma_{\mathrm{Imax}} < 0$，此时对于该初始倾角的裂纹则不会发生扩展，因此对于磁铁矿-石英中优先发生扩展的裂纹，对应的初始倾角是随照射条件发生变化的。当磁铁矿含量为 1%时，微波照射下磁铁矿-石英界面在各功率下发生初始裂纹开裂的临界照射时间及对应的加热温度如图 4.12 所示。

各功率（2 kW，3 kW，4 kW，5 kW）照射下，发生裂纹开裂的临界照射时间分别为 181 s，33 s，27 s，16 s。当照射功率由 2 kW 提高到 3 kW 时，初始裂纹开裂的临界时间缩短了 82%；之后继续提高照射功率，裂纹开裂所需的临界照射时间减少不明显。照射功率为 2 kW 时，裂纹开裂时对应的岩石表面的温度最高，为 82 ℃；当照射功率提高到 3 kW 时，裂纹开裂发生时的岩石表面温度最低，为 44 ℃；照射功率为 4 kW 和 5 kW 时，损伤演化的临界表面温度相等都为 50 ℃。可见在一定功率范围内，弱损耗矿物中裂纹开裂的临界温度随着照射功率的提高而降低，但是超出此功率范围之后，临界温度将随着照射功率的提高而增大。

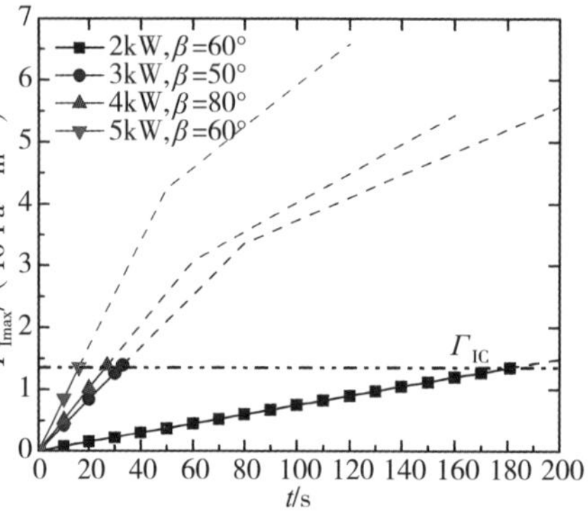

（a）临界照射时间

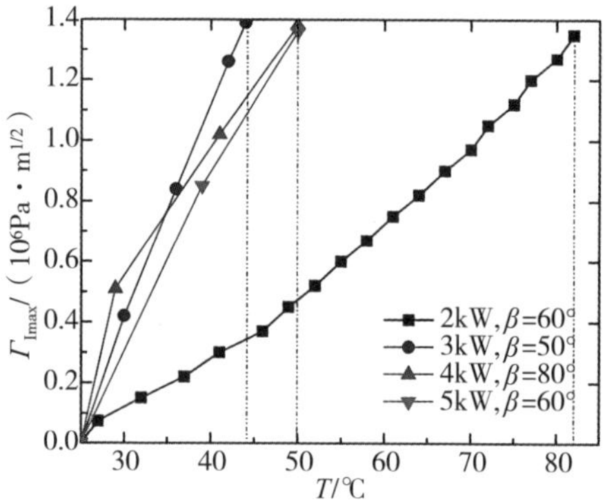

（b）临界温度

图 4. 12　花岗岩中磁铁矿-石英界面裂纹开裂所需的临界微波能量及对应温度

对于磁铁矿-石英复合矿物结构，石英矿物内部发生裂纹开裂的范围 $\Delta r = (r_c - r_1)/(r_2 - r_1)$ 变化规律如图 4. 13 所示。当照射功率为 2 kW 时，只在磁铁矿-石英界面产生裂纹扩展，因此我们从功率为 3 kW 时开始研究石英内部的裂纹扩展范围。根据微波加热花岗岩的试验结果可知，在各功率下加热至 200 s 时，花岗岩中的细观裂纹扩展行为不会导致岩石发生宏观断裂，而当照射功率为 4 kW 和 5 kW 时，磁铁矿分别在 160 s 和 120 s 时发生熔融，因此在功率为 3 kW，4 kW，5 kW 时，所研究的裂纹扩展范围的照射时间分别为 200 s，160 s，120 s。

如图 4. 13（a）所示，当照射时间小于 60 s 时，裂纹开裂范围传播速率随着功率的增加而增加；然而照射时间为 60～140 s 时，3 kW 和 4 kW 时的裂纹开裂范围传播速率相当；当照射时间为 140～180 s 时，3 kW 功率照射下裂纹开裂范围保持不变，相当于断裂发展处于一个停滞期，继续增加照射时间裂纹开裂范围才重新开始增加，且在 3 kW 时累积的裂纹开裂区域范围大于 4 kW 时的累积开裂范围。当照射功率为 5 kW 时，Δr 增加的速率一直大于 4 kW 时对应的增加速率，且 Δr 增加的过程表现出明显的阶段性。第一阶段（$16 \leqslant t < 30$ s）：时间小于 20 s 时，Δr 随照射时间增加而增加，平均速率为 1%/s；在 20～30 s 时，Δr 保持不变，岩石断裂进程进入停滞期。第二阶段（$30 \leqslant t < 80$ s）：照射时间为 30～40 s 时，Δr 增加的平均速率为 0.2%/s；40～60 s 时，Δr 增加的平均速率为 0.1%/s；随后在 60～80 s 时断裂发展再次进入停滞期。第三阶段（$80 \leqslant t < 120$ s）：在 80～90 s 时 Δr 增加的速率为 0.2%/s；90～100 s 时，相应的增加速率为 0.1%/s；随后在 110～120 s 时断裂进程再次停滞。在每一阶段的开始，Δr 增加的速率是最快的，之后随着照射时间的增加而降低，且第一阶段 Δr 增加的速率最大。当照射功率为 3 kW，4 kW 时，加热前期 Δr 以较低的速率持续增加，3 kW 功率下加热的后期阶段，由于照射时间较长，Δr 增加到一定程度后也出现了停滞；4 kW 功率下由于照射时间缩短，未出现断裂进程停滞期。

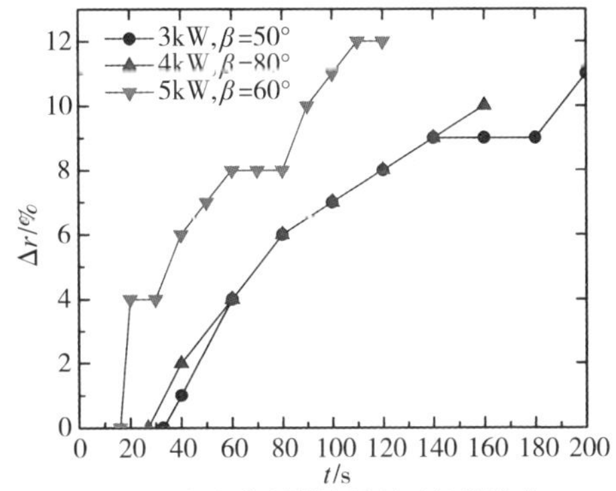

（a）临界微波照射时间的影响

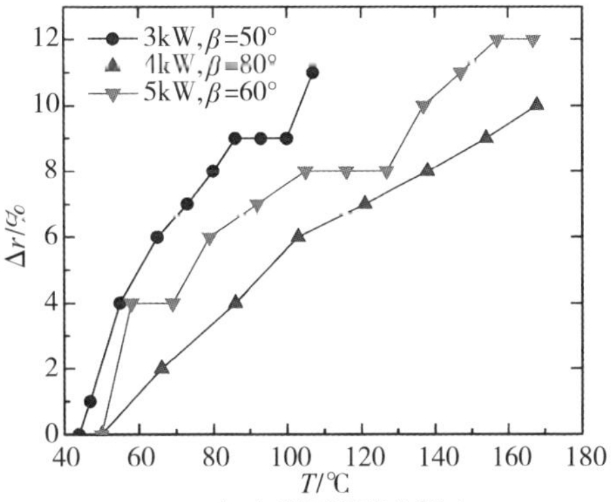

（b）岩石温度的影响

图 4.13　微波加热磁铁矿周围石英矿物中裂纹开裂范围定量变化规律

由图 4.13（b）可以看到 Δr 增量相同的条件下，功率为 3 kW 时所对应的岩石表面温度最低。当照射功率提高到 4 kW 时，由前述玄武岩中 Δr 与温度的关系分析可知，高功率作用下，磁铁矿与周围石英形成了巨大的温度梯度，导致在界面处的热流量密度显著增加，从而在短时间内使得整个岩石表面的温度迅速升高，于是相同 Δr 增加情况下，岩石表面温度更高。但是与玄武岩不同的是，花岗岩在 4 kW 时，相同 Δr 增量对应的岩石温度高于 5 kW 时的温度，一方面与斜长石和石英的热物理性能的差异有关，石英基质相比于斜长石基质更易于导致热源矿物中热量的散失；另一方面，4 kW 功率照射下，与 5 kW 功率照射过程相比，意味着更长的加热时间，于是在强弱损耗介质矿物之间进行了更长时间的热传导，从而使得在相同 Δr 增量情况下，4 kW 照射下对应的岩石表面温度更高。

对于黑云母-石英复合矿物结构，黑云母的含量同样影响着界面及石英内部的裂纹开裂扩展行为。如图 4.14 所示，当黑云母含量在 2.7%~5.7%之间逐渐增加时，界面裂纹开裂所需临界照射时间由 86 s 减少至 81 s。但是在黑云母含量从 2.7%增加到 5.7%的过程中，发生裂纹扩展所需的临界照射时间仅缩短了 5 s，可见黑云母含量的变化对黑云母-石英中发生裂纹扩展的照射时间影响不明显。当界面裂纹发生扩展时，各黑云母含量下（2.7%，3.7%，4.7%和 5.7%）所对应的岩石表面温度分别为 133 ℃，129 ℃，128 ℃，128 ℃，黑云母含量越高，界面裂纹发生扩展时岩石表面温度越低，且在黑云母含量由 2.7%提高到 3.7%时，发生裂纹扩展时岩石表面温差最大。

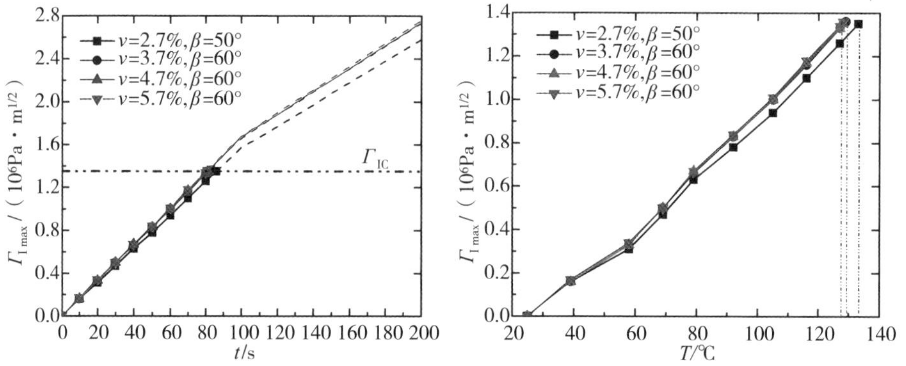

（a）临界照射时间 （b）临界温度

图 4.14 花岗岩中黑云母-石英界面裂纹开裂所需的临界微波能量及对应温度

黑云母含量对石英矿物内部裂纹开裂扩展范围影响规律如图 4.15 所示，在不同黑云母含量状态下，Δ*r* 随照射时间的发展过程均出现停滞期，但停滞期出现的频率随着黑云母含量的增多而减少。当黑云母含量为 2.7%时，停滞期分别出现在 110~120 s，140~150 s，160~170 s，190~200 s；其余时间下 Δ*r* 均随着时间的增加而持续增长，且增长的速率都为 0.1% /s。黑云母含量为 3.7%时，停滞期分别出现在 140~150 s 和 180~190 s，其余时间 Δ*r* 增加的速率也为 0.1% /s。黑云母含量为 4.7%时，停滞期分别出现在 120~130 s 和 190~200 s；当照射时间为 90~100 s 时，Δ*r* 增加的速率达到 0.2% /s，其余时间增加的速率保持在 0.1% /s。黑云母含量为 5.7%时，在 0~90 s 的照射过程中，Δ*r* 随照射时间持续增加，在 90~110 s 时，Δ*r* 增加的速率为 0.2% /s，之后变为 0.1% /s，且在 190~200 s 进入停滞期。

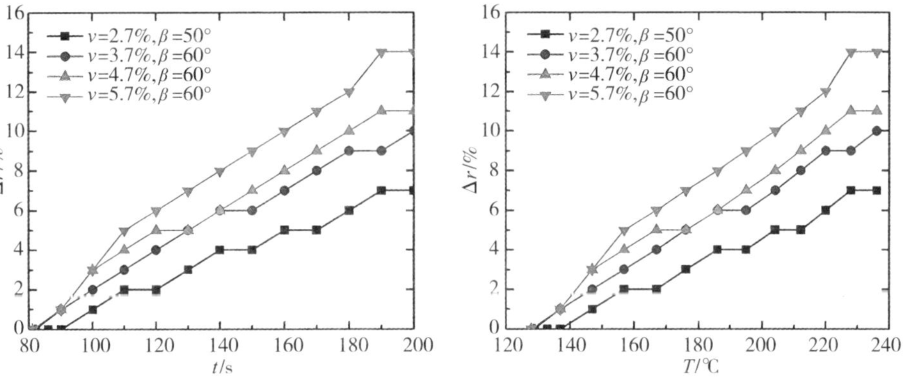

（a）临界微波照射时间的影响　　（b）岩石温度的影响

图 4.15　微波加热黑云母周围石英矿物中裂纹开裂范围定量变化规律

总体来说，初始裂纹开裂扩展范围随着照射时间传播的速率，随着黑云母含量的增加而提高，但是由于各黑云母含量状态下，均存在断裂进程停滞期，在这些停滞期的影响下，在某些加热时段，如 130~140 s 时，黑云母含量为 3.7%和 4.7%时的裂纹开裂扩展范围发生重合，此外，在 81~100 s 时，黑云母含量为 4.7%和 5.7%时的裂纹开裂扩展范围发生重合。

对于图 4.15（b）中所示的黑云母-石英复合矿物结构，研究石英内部的裂纹发生开裂扩展时对应的岩石温度变化规律，可以发现当达到相同程度的 Δr 时，岩石表面温度随着黑云母含量增加而降低，且将黑云母含量由2.7%增加至3.7%时，对于裂纹开裂范围发展所需的临界温度影响最大，而当黑云母含量由3.7%提高至4.7%时，对裂纹开裂扩展范围传播对应的温度变化影响最小。当黑云母含量增加时，在周围石英矿物中达到裂纹扩展所需的临界能量输入或应力状态时，微波功率一定的情况下，所需要的时间缩短，即在黑云母向石英进行热传导的时间缩短，因此反映整体加热情况下的岩石表面温度较低。

综合对比各复合矿物岩石结构（磁铁矿-斜长石，磁铁矿-石英，黑云母-石英）中，裂纹开裂扩展范围 Δr 随微波功率的变化规律，得到 Δr 在弱损耗矿物中的传播速率和加热结束后达到的最终值如表4.2中所列。其中，磁铁矿-斜长石矿物组合的加热时间同微波加热实验中，各功率下岩石试样发生宏观断裂破碎的时间，而磁铁矿-石英矿物组合的加热时间，采用各功率下磁铁矿开始熔融的时间，黑云母-石英矿物组合的加热时间为200 s。

表4.2　不同矿物组成基质内部裂纹扩展范围 Δr 对比

Δr	强损耗矿物	弱损耗矿物	功率/kW			
			2	3	4	5
传播速率/(%/s)	磁铁矿	斜长石	0.10	0.23	0.32	0.47
	磁铁矿	石英	0	0.06	0.08	0.12
	黑云母	石英	0	0	0	0.06
最终值/(%)	磁铁矿	斜长石	6	7	8	9
	磁铁矿	石英	0	11	10	12
	黑云母	石英	0	0	0	7

由表4.2可以发现在强损耗矿物含量及弱损耗矿物热物理性能的影响下，花岗岩中磁铁矿和黑云母周围石英基质内部 Δr 的增加速率均小于玄武岩中斜长石基质内部 Δr 的增加速率，且随着照射功率的增加，两种基质内部 Δr 的增加速率相差越大。由于磁铁矿-石英在各功率下加热时间较长，因此加热结束后石英内部的 Δr 值大于相应斜长石基质中的 Δr 值，然而花岗岩在各功率

下照射 200 s 之后依旧没有发生断裂破碎，可见岩石试样是否发生断裂破碎取决于基质内部 Δr 的增加速率。

4.2　多相矿物结构岩石裂纹扩展行为

4.2.1　微波能量作用下岩石断裂韧度劣化规律

由于玄武岩与花岗岩相比，在微波照射下易发生断裂破坏或熔融，且破坏时间随机，因此选用微波加热响应特征较稳定的花岗岩试样，研究微波电磁场对岩石断裂韧性的影响。所采用的花岗岩试样来源于湖南岳阳，岩相学标准测试结果表明该岩样中的矿物成分主要包含：62%的斜长石，30%的石英和 5%的黑云母，其中斜长石颗粒半径为 0.40 mm×0.80 mm 到 0.80 mm×2.50 mm，石英的颗粒半径为 0.40 mm×0.80 mm 到 0.80 mm×1.50 mm，黑云母的粒径相对较小（<0.5 mm）。

基于美国材料与试验协会（ASTM）标准[175]，将取得的花岗岩母岩制成单直边裂纹三点弯曲梁试样，试样构型及尺寸如图 4.16 所示，初始凹槽（裂纹）采用金刚石刀片（厚度 0.5 mm）切割预制，切口深度为 12 mm。

选用微波加热功率为 5 kW，首先对三点弯曲梁试样进行预试验，结果表明加热时间超过 1800 s 之后试样发生宏观断裂或熔融，为后续进行三点弯曲试验研究，设定微波加热时间分别为 360 s，720 s，1080 s，1440 s 和 1800 s，每组微波参数对应三个平行试样。经过微波加热后的试验，采用如图 4.16 中所示的电子万能试验机（CSS-88100）测试岩石试样的断裂韧度，其可加载的最大荷载是 300 kN，通过位移控制加载速率为 0.01 mm/min。此外，加载时，三点弯曲梁试样的跨距 L（m）与试样高度 h（m）之间的关系需满足 $L = 4h$ 。通过三点弯曲试验获得岩石试样的荷载-位移关系，之后可计算岩石断裂韧度。

经过高温加热的硬岩，在三点弯曲试验加载过程中，荷载-位移的一般关系曲线[176,177]如图4.17中所示，初始阶段为“压密阶段”，在外部荷载的作用下，岩石中的裂纹及孔隙发生闭合，曲线呈现出“上凹”的形状；之后随着荷载增加，位移随荷载的变化是近似线性的，这个阶段称为“弹性阶段”，此阶段岩石的弹性模量和刚度保持不变，因此可通过这个阶段计算高温加热后岩石的有效弹性模量；荷载继续增加，曲线偏离线性关系，岩石内部出现新的微裂纹，当荷载进一步增加达到岩石的抗弯强度时，裂纹急速扩展贯通形成宏观断裂，这一阶段为“破坏阶段”；达到峰值荷载之后，岩石仍保有一定承载能力，但其承载能力快速下降，表现为位移在增加，荷载逐渐减小，曲线整体为下降的趋势，这一阶段称为“峰后残余阶段”。

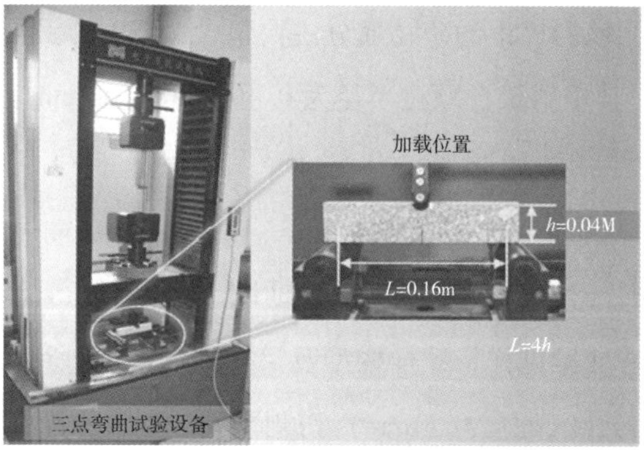

图4.16　岩石断裂韧度测试方法

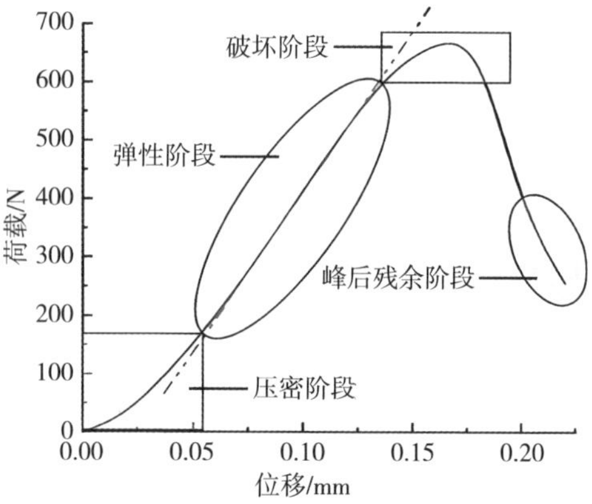

图4.17　高温后岩石三点弯曲试验中典型荷载-位移关系曲线

微波加热后岩石的荷载-位移曲线如图 4. 18 所示，可以看到，经过 360 s 照射后的岩石，其峰值荷载最大，当照射时间超过 360 s 之后，峰值荷载随着照射时间的增加而减小。与未经微波加热的岩石相比，360 s 照射后的岩石其峰值荷载增加了 12%，在 360～720 s 的照射过程中，岩石峰值荷载下降了 17%，且 720 s 时的峰值荷载小于未经微波加热的岩石峰值荷载。在 0～720 s 照射过程中，达到峰值荷载后，试样的承载力快速下降发生破坏，照射时间超过 720 s 后，试样的峰后残余阶段在整体变形破坏阶段所占的比例明显增加。

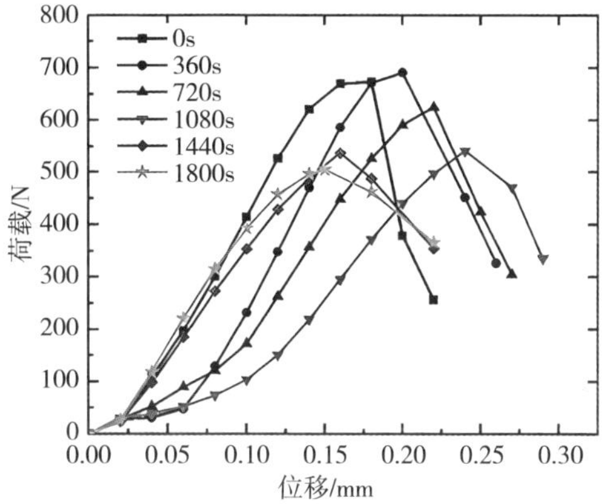

图 4. 18　微波照射后岩石三点弯曲试验荷载-位移关系曲线

基于岩石荷载-位移关系曲线，根据以下公式[178]计算微波加热后岩石 I 型断裂韧度 Γ_{IC}（$MPa \cdot m^{1/2}$）：

$$\Gamma_{IC} = P_{max} L f(a_0/h)/(bh^{3/2})$$

$$f(a_0/h) = \frac{3\sqrt{\frac{a_0}{h}}}{2\left(1+2\frac{a_0}{h}\right)\left(1-\frac{a_0}{h}\right)^{3/2}}$$

$$\left\{1.99 - \frac{a_0}{h}\left(1-\frac{a_0}{h}\right)\left[2.15 - 3.93\left(\frac{a_0}{h}\right) + 2.7\left(\frac{a_0}{h}\right)^2\right]\right\} \tag{4.24}$$

式中，P_{max}（MPa）为峰值荷载，$b=0.02$，$h=0.04$（m）分别为试样的宽度和高度，$L=0.16$（m）为试样加载时的跨距，$a_0=0.012$（m）为初始裂纹长度。

岩石试样的断裂韧度劣化规律如图 4.19 所示，微波照射 360 s 后，岩石断裂韧度有轻微增加，之后随着照射时间的增加，岩石断裂韧度持续下降，花岗岩断裂韧度劣化规律与单轴抗压强度劣化规律具有一致性，少量微波能量输入下，对花岗岩的强度具有一定强化作用。未经照射的花岗岩断裂韧性是 1.024 $MPa\cdot m^{1/2}$，经过 360 s 照射后增加至 1.050 $MPa\cdot m^{1/2}$，继续增加微波加热时间至 1080 s，断裂韧度下降至 0.848 $MPa\cdot m^{1/2}$，在 1080～1800 s 照射下，岩石的断裂韧度下降速率变缓，到 1800 s 时，岩石的断裂韧度变为 0.783 $MPa\cdot m^{1/2}$。

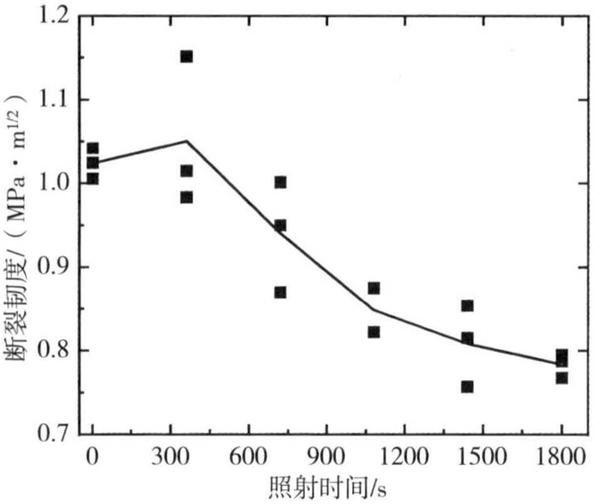

图 4.19　微波照射后岩石断裂韧度劣化规律

三点弯曲试样破坏失效之后，采用专业照相设备将破裂表面记录下来，通过对试样断裂表面特征进行定量分析，反映矿物结构对微波加热后岩石性能劣化的影响。由图 4.20 可知，断裂面均偏离初始裂纹平面，即断裂面与初始裂纹平面相比存在不同程度的起伏，基于实际断裂平面的起伏程度进行平均线性化，并定义线性化后的断裂面与初始裂纹平面之间的夹角为断裂角 θ（°），从而根据断裂角定量研究断裂面的特征。

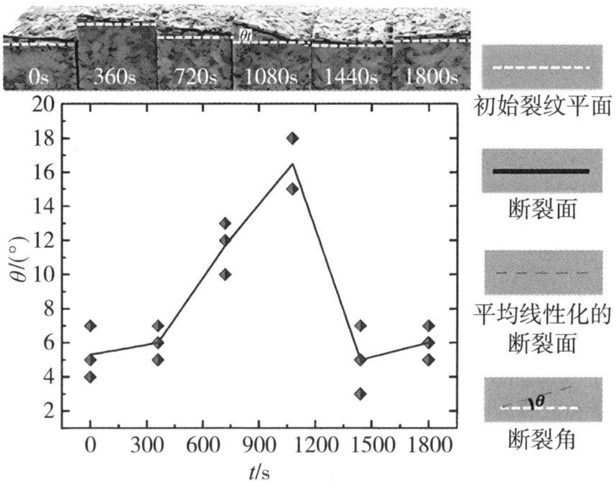

图 4.20　三点弯曲岩石试样断裂面量化特征

由图 4.20 可知，未经微波加热及微波加热 360 s 后的岩石断裂角都较小，试样断裂基本沿初始裂纹平面发生，表现出明显的脆性破坏特征。加热时间较短时，岩石矿物间温度较低，产生的热应力也较小，此时不会引发裂纹扩展，断裂面与初始裂纹平面之间的微小偏差是由于试样中的矿物颗粒界面、初始裂纹和孔洞等引起的。继续加热到 1080 s 时，断裂角由 6°增加到 16.5°，在微波加热过程中，矿物颗粒界面及内部均开始出现大量裂纹扩展、贯通，岩石的非均匀性显著增加[109]，导致其在三点弯曲试验中破坏失效后，断裂面的粗糙程度增加。随着微波能量的持续输入，照射时间增加，岩石发生矿物颗粒内部裂纹、界面裂纹以及混合裂纹扩展、贯通的区域扩大至整个试样范围，试样再次越来越均匀[179]，因此从 1080 s 到 1800 s 的加热过程中，断裂角减小。试样的断裂面特征随微波照射时间的变化规律与微波照射后断裂韧度演化规律具有一致性。

4.2.2　多相矿物界面开裂与断裂韧度劣化相互影响分析

基于第 2 章中多相矿物结构在电磁-热-力耦合作用下的应力场分布演化规律，结合本章前述对于初始裂纹开裂扩展行为的研究结果，进一步研究多相矿物结构中初始裂纹开裂扩展行为。根据花岗岩中裂纹分布特征的细观实验研究结果可假设多相矿物岩石中的初始裂纹长度为 $l_0 = 13\mu m$。对于岩石中的复合裂纹，大多数情况下，Ⅰ型应力强度因子大于Ⅱ型应力强度因子，且Ⅰ型应力强度因子首先超过岩石断裂韧度导致裂纹扩展，所以岩石中的损伤演化及断裂破坏主要是由Ⅰ型裂纹扩展引起的。章节 2.5 中多相矿物岩石中应力场演化规律研究结果表明，第一主应力为拉应力，初始裂纹在第一主应力的作用下发生扩展是导致岩石断裂破碎的主要原因之一，因此研究第一主应力驱使的裂纹扩展行为。

基于式（4.15）得到第一主应力 σ_{f1}（MPa）作用下的初始裂纹应力强度因子：

$$\Gamma_{\mathrm{I}} = \sigma_{f1}\sqrt{\pi l_0}$$

$$\sigma_{f1c}\sqrt{\pi l_0} = \Gamma_{\mathrm{IC}} \tag{4.25}$$

根据式（4.25），即可得到裂纹扩展所需的临界应力 σ_{f1c}（MPa）。

固定微波功率为 5 kW，多相矿物界面开裂时的临界应力，岩石断裂韧度和三点弯曲岩石试样初始凹槽顶端温度随加热时间的变化规律如图 4.21 所示。在岩石试样初始凹槽顶端温度随着照射时间的增加持续升高的过程中，伴随着一些新裂纹萌生和部分已有裂纹开裂扩展，导致岩石断裂韧度发生劣化，由于断裂韧度劣化，岩石中已有裂纹继续开裂扩展所需的临界应力下降，进一步促进了岩石宏观断裂韧度劣化。

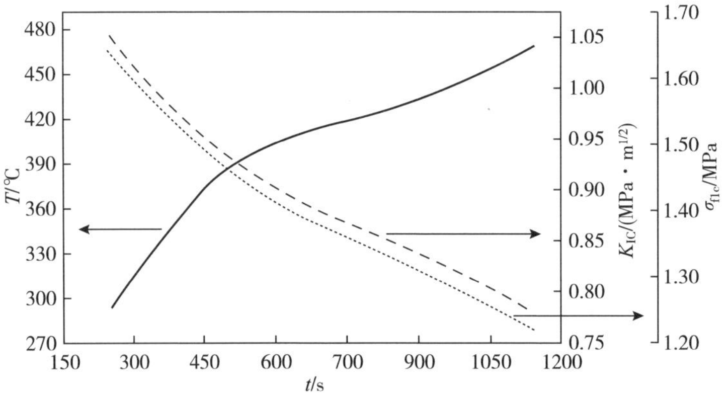

图 4.21　岩石断裂韧度和三点弯曲岩石试样初始凹槽顶端温度随加热时间的变化规律

多相矿物结构中热应力超过裂纹开裂所需的临界应力的区域，即为细观断裂区域，表示为：

$$\sigma_{f1}(x,\ y,\ T_i) \geqslant \sigma_{f1c}(T_i) \tag{4.26}$$

基于式（4.26），得到包含多相矿物结构岩石在微波电磁场作用下，初始凹槽顶端的温度升高过程中，细观断裂区域演化规律如图 4.22 所示。当初始凹槽顶端温度达到 293 ℃时，细观断裂区域集中出现在 Pl_3、Qtz_2 和 Bt_1 的界面，结合应力场演化规律研究结果，在温度较低的情况下，界面裂纹开裂扩展主要由 Pl_3 和 Qtz_2 之间的热膨胀失配导致的。随着温度升高，细观断裂区域沿着 Pl_3-Qtz_2 界面进行扩张；当温度达到 380 ℃时，在 Pl_3-Qtz_1 和 Pl_3-Bt_2 界面出现了一些离散的细观断裂区域。温度继续升高至 425 ℃时，岩石断裂韧度显著下降，多相矿物结构中发生裂纹开裂扩展的范围迅速增加，每一种 Pl-Qtz 界面（Pl_1-Qtz_1，Pl_2-Qtz_1，Pl_3-Qtz_1，Pl_4-Qtz_1）均出现局部开裂区域，甚至 Bt_1-Qtz_1 界面也发现裂纹开裂扩展区域。之后随着温度继续升高，先前的细观断裂区域进一步扩大、相互连接贯通，最终导致岩石宏观断裂破坏。

在微波照射时间为 360~1080 s 的范围内，岩石断裂韧度迅速劣化，之后在 1080~1800 s 照射过程中，断裂韧度劣化速度减缓，将其与岩石损伤区域演化特征联系起来可发现，初期断裂韧性快速劣化是由大量出现在沿着 Pl-Qtz 界面的离散损伤区域导致的，而在之后的加热过程中，以已有损伤区域的扩张为主，相应的断裂韧性劣化速率放缓。

4.3　反映裂纹扩展的岩石宏观力学性能劣化机理

从裂纹开始发生扩展直至岩石试样完全断裂破坏，伴随着岩石性能的劣化，其强度发生折减。分别对前述裂纹扩展行为研究中的玄武岩和花岗岩试样进行微波照射后单轴压缩试验，研究其单轴抗压强度折减规律。单轴压缩试验所采用的岩样，按照国际岩石力学学会（ISRM）中的试验规程加工成

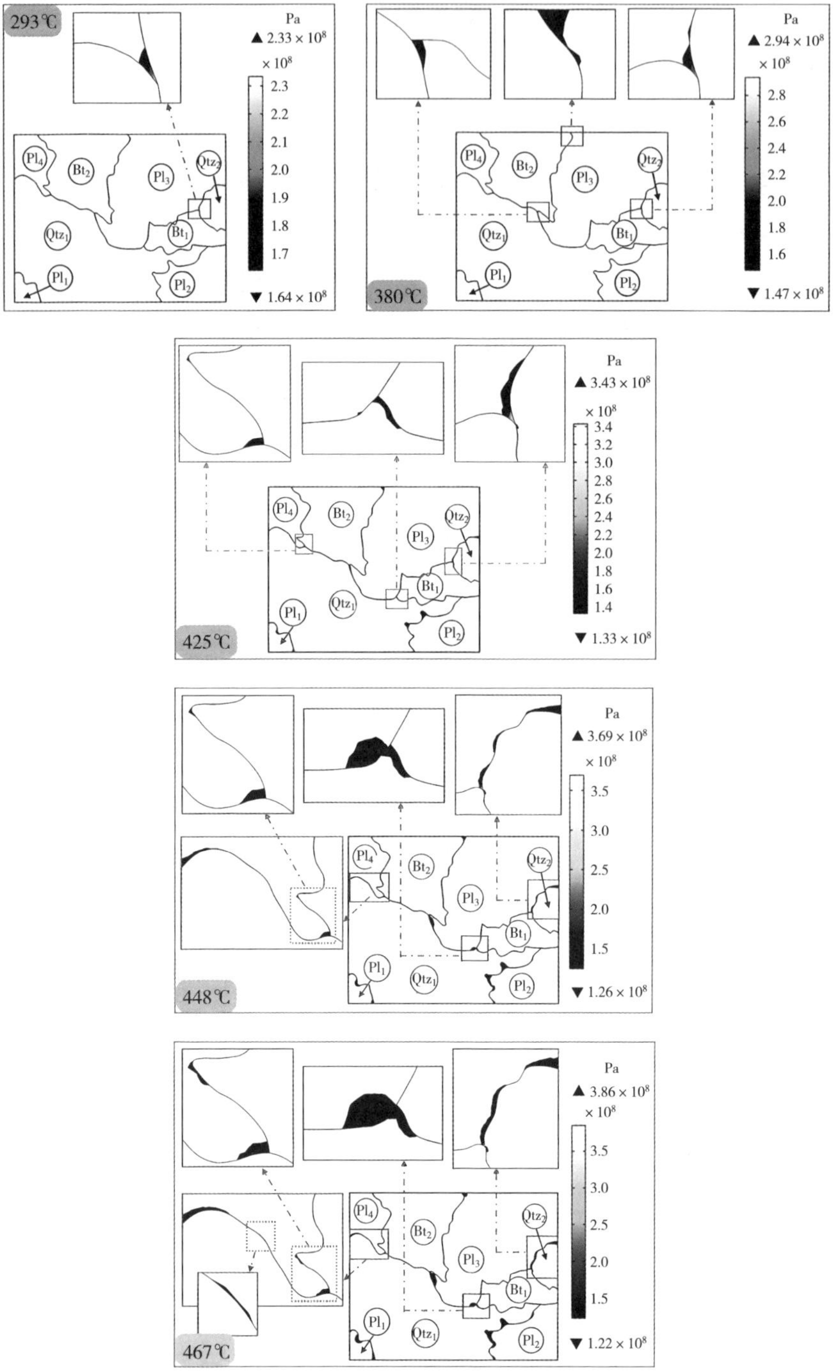

图 4.22　微波加热多相矿物结构岩石界面开裂区域演化规律

ϕ 50 mm×100 mm 的圆柱形标准试样。

与单位厚度的薄圆柱试样相比，微波在穿透标准试样时，功率密度沿其厚度方向会发生较大的衰减[33]，因此在各功率照射下，标准试样发生完全断裂破坏的时间大于单位厚度薄圆柱试样发生断裂破坏的时间。通过对标准试样进行多次初步试验，选定照射功率为 4 kW，照射时间为 30 s，60 s，90 s 以及照射功率为 5 kW，照射时间为 20 s，40 s，60 s，同一照射参数采用三个试样分别照射，之后进行单轴压缩试验，并用三个未经微波照射的标准试样进行单轴压缩试验，得到玄武岩试样的初始强度。各功率照射下，玄武岩强度随照射时间的折减规律如图 4. 23 所示。

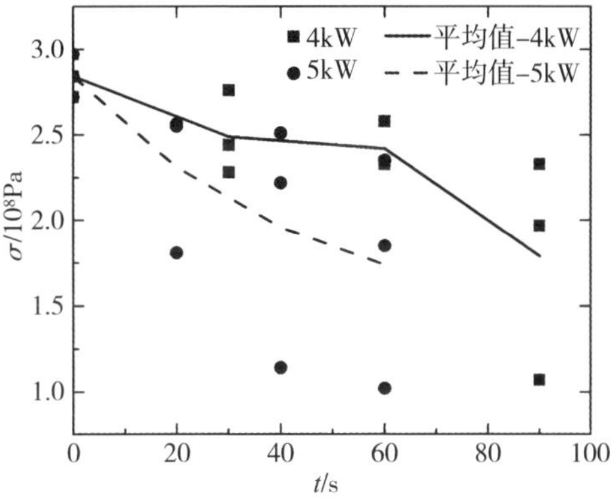

图 4. 23　微波能量参数对玄武岩单轴抗压强度的影响规律

各功率微波照射后，玄武岩试样抗压强度随照射时间的增加持续下降。当照射功率为 4 kW 时，玄武岩抗压强度的平均下降速率为 1. 17 MPa/s；功率增加到 5 kW 时，玄武岩抗压强度的平均下降速率为 1. 83 MPa/s，可见玄武岩抗压强度下降的平均速率随着功率的提高而增大。基于玄武岩裂纹扩展行为研究结果可知 4 kW 时裂纹扩展范围随时间的增加速率小于 5 kW 时裂纹扩展范围随时间的增加速率，从而导致了 4 kW 时岩石强度下降速率小于 5 kW 时的岩石强度下降速率。当照射功率为 5 kW 时，经过不同时间加热后的玄武岩试样在进行单轴压缩发生破坏时，其破坏模式如图 4. 24 所示。

图 4.24　微波加热时间对玄武岩单轴压缩破坏模式的影响

未经微波照射的岩石试样经过单轴压缩之后整体发生破坏，破碎后的块体尺寸较大，且各块体相对完整。经过 20 s 照射后的试样，单轴压缩后只有局部发生破坏，这是因为岩石内部初始裂纹分布不均匀，经过 20 s 微波照射后，试样中局部区域的初始裂纹发生了扩展，导致该区域强度下降成为薄弱区，单轴压缩荷载作用下很快发生破坏。经过 40 s 照射后的试样也是局部发生破坏，但是破坏的区域相对 20 s 时扩大了，这是因为随着照射时间的增加，发生裂纹扩展的范围也在增大，从而使岩石中的薄弱区域增大。当照射时间为 60 s 时，试样发生整体破坏，破碎后的块体尺寸相比未经照射的试样明显减小，且在破碎块体周围产生了很多碎屑。在照射时间增加到 60 s 时，试样中发生裂纹扩展的区域进一步增大，而且已经发生扩展的裂纹在进一步扩展过程中会与其他裂纹连接、贯通，从而使试样整体强度减弱，单轴荷载作用下，试样整体发生断裂破坏，且强度进一步降低。

通过多次微波加热花岗岩标准试样的初步试验，选定照射功率为 4 kW，照射时间为 50 s，100 s，200 s；照射功率为 5 kW，照射时间为 50 s，80 s，110 s，同一照射参数采用三个试样分别照射，之后进行单轴压缩试验，并用三个未经微波照射的标准试样进行单轴压缩试验，得到花岗岩试样的初始强度。各功率照射下，花岗岩强度随照射时间的折减规律如图 4.25 所示。

对于花岗岩，经过 50 s 照射后，各功率下岩石抗压强度平均值相比于初始强度均有提高，4 kW 时提高了 1 MPa，5 kW 时提高了 3 MPa。之后随着照射时间的增加，岩石强度连续下降。各功率下照射时间为 50 s 时，所对应的岩石表面温度分别为 76℃（$P=4$ kW）和 92℃（$P=5$ kW），花岗岩加热温度较低时，一些热膨胀性能较高的矿物发生膨胀，增加了颗粒间的接触面积[180]。此外，低温加热过程中，不稳定的矿物成分如黑云母等发生相变，从而可能使岩石强度增加[181,182]。也有研究[183,184]发现花岗岩在微波照射下，表面温度较低时，其强度随照射时间增加持续下降。可见花岗岩在低温加热下，其强度变化受矿物成分、含量和微观结构的影响表现出不稳定性。

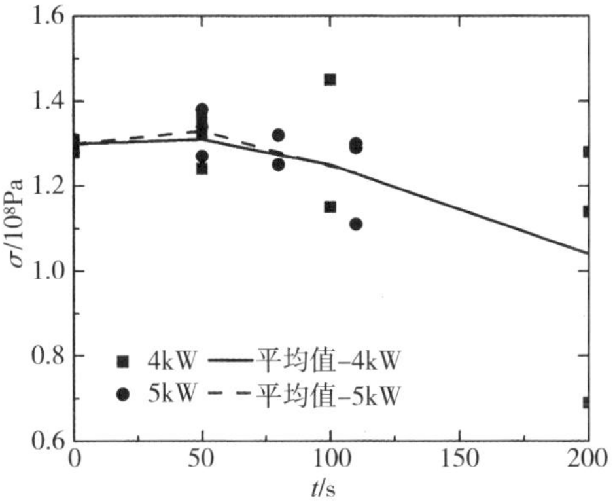

图 4.25　微波能量参数对花岗岩单轴抗压强度的影响规律

我们发现当照射功率为 4 kW 时，50 s 之后的花岗岩抗压强度的平均下降速率为 0.18 MPa/s，而照射功率为 5 kW 时，50 s 之后的抗压强度的平均下降速率为 0.16 MPa/s。基于花岗岩裂纹扩展行为研究结果，5 kW 功率照射下矿物中裂纹扩展较早发生，且裂纹扩展范围增加的速率大于 4 kW 时的增加速率，显然岩石强度折减规律在 5 kW 功率照射下受到矿物成分性能改变影响较大，从而其强度下降速率小于 4 kW 时的强度下降速率。经过 4 kW 功率照射后，花岗岩单轴压缩破坏模式受岩石内部裂纹扩展影响如图 4.26 所示。

未经照射的花岗岩试样，经单轴压缩发生破坏时，是由内部初始裂纹在压力作用下发生剪切扩展导致的。经过 30 s 照射后的岩石试样，伴随着试样

图 4.26 微波加热时间对花岗岩单轴压缩破坏模式的影响

整体初始裂纹在压应力作用下发生扩展的同时，局部区域发生了更严重的断裂，脱离了岩石主体，这是因为微波照射后，该区域内包含的磁铁矿-石英矿物界面及基质内部裂纹发生了扩展，在单轴压缩过程中，该区域的裂纹先于其他区域裂纹发生扩展，造成较严重的局部断裂。增加照射时间至 60 s 后，岩石中的裂纹扩展范围增大，单轴压缩后试样整体破碎为几个尺寸较大的独立块体。当照射时间为 90 s 时，由于裂纹扩展范围进一步增大，且发生扩展的裂纹之间相互连接、贯通，使试样内部连续性明显下降，表现为单轴压缩时，局部破坏呈碎屑状，且在其余试样主体发现裂纹和断裂面分布比较分散，没有贯穿试样主体的裂纹和断裂面。

对比微波照射后玄武岩和花岗岩的单轴压缩试验研究结果可以发现，虽然两种岩石经过微波照射后均发生裂纹扩展，与未经照射的岩石相比，其单轴压缩破坏模式发生了明显改变。但是，微波照射下，花岗岩中的裂纹扩展程度远小于玄武岩的裂纹扩展程度，因此花岗岩的单轴抗压强度下降速率小于玄武岩的单轴抗压强度速率。此外，由于微波照射下花岗岩中的矿物性能发生改变对岩石性能劣化规律产生较大影响，两种岩石的单轴压缩破坏模式存在较大区别，当玄武岩经过微波照射后试样整体发生断裂破碎，且破碎程度明显增加；经过微波照射后的花岗岩在单轴压缩破坏时，试样主体始终保持一定的完整性。

4.4　本章小结

基于固体断裂力学方法，研究了复合矿物结构界面处、弱损耗介质矿物内部初始裂纹表面的应力场分布规律。对于具有任意倾斜角度的初始裂纹，在微波热致应力场作用下，其表面同时具有拉应力和剪切应力两种应力状态，属于Ⅰ-Ⅱ复合型裂纹，分别基于求解Ⅰ、Ⅱ型裂纹的 Westergaard 应力函数，结合边界条件，得到初始裂纹尖端应力状态，根据对应的应力分量函数分别求解Ⅰ、Ⅱ型裂纹应力强度因子，通过最大周向拉应力断裂判据可探讨微波照射下岩石中初始裂纹开裂扩展行为。

通过定义应力状态参量 $|\sigma_{r2}/\sigma_{t2}|$，研究与切向呈一定夹角的初始裂纹，其Ⅰ、Ⅱ型裂纹应力强度因子与复合矿物结构岩石应力场之间的关系。对于磁铁矿-斜长石复合矿物结构岩石，在不同岩石应力状态参量下，只在较小的初始倾斜角度范围内（$0 < \beta \leqslant 20°$），满足 $\Gamma_{\mathrm{II}\max} > 2\Gamma_{\mathrm{I}\max}$，由于Ⅱ型断裂韧度一般为Ⅰ型断裂韧度的 2~3 倍，导致初始裂纹发生Ⅱ型断裂的条件更加苛刻，所以初始裂纹开裂模式以Ⅰ型为主，且在应力状态一定的情况下，初始倾角为 60°时，Ⅰ型应力强度因子取得最大值，即该初始倾斜角度的裂纹优先发生开裂扩展。Ⅰ型裂纹开裂方向也与初始倾斜角度相关，当 $\beta = 90°$ 时，裂纹沿原裂纹平面发生扩展；当 $\beta < 90°$ 时，裂纹开裂方向与原裂纹平面呈顺时针转角方向，且该扩展角度随着 β 的增大而减小，随着 $|\sigma_{r2}/\sigma_{t2}|$ 的增大而增大。强损耗介质矿物含量对裂纹开裂优势初始倾斜角度、开裂方向均有显著影响。此外，对于磁铁矿-石英和黑云母-石英复合矿物组合结构，在一定功率照射下，存在 $\beta = 60°$ 时，$\Gamma_{\mathrm{I}\max} < 0$ 的情况，因此裂纹开裂的优势初始倾角会受到微波能量参数的影响。

在复合矿物界面初始裂纹开裂扩展后，随着微波能量的增加，弱损耗矿物内部也会出现裂纹开裂扩展，且开裂范围随着微波功率和时间的增加而增加。定义弱损耗矿物介质中的开裂率为 Δr，在所研究的微波照射参数范围内，磁铁矿-斜长石复合矿物结构玄武岩中，裂纹开裂扩展后，Δr 随着加热时间持续增加，且开裂范围向弱损耗矿物外边界传播发展的速率随着功率的提高而增大。花岗岩复合矿物结构中，即磁铁矿-石英、黑云母-石英，在所研究的微波照射条件下，Δr 在一定时间范围内持续增加，但是继续增加照射时间，Δr 保持不变，即细观断裂进程存在停滞期，且在高功率作用下，停滞期出现的频次更多。强损耗矿物含量增加后，相同微波照射条件下，Δr 的值更大。通过对比玄武岩与花岗岩试样的细观断裂传播发展行为与宏观断裂破碎特征，表明与 Δr 可达到的具体量值相比，Δr 传播发展的速率对于试样宏观断裂影响更大。

基于多相矿物结构花岗岩多场耦合作用下的应力场分布演化规律，研究了各异相矿物界面在第一主应力的作用下的开裂行为，并结合微波能量作用下岩石断裂韧度劣化规律实验结果，探讨了裂纹开裂扩展与断裂韧度劣化之间的相互影响机理。加热初期，岩石试样凹槽顶端温度较低时，多相矿物结构的细观断裂主要是由斜长石和石英之间的热膨胀失配导致的，细观断裂区域集中出现在斜长石、石英和黑云母三种矿物的交汇处。继续增加微波照射时间，当岩石凹槽顶端温度超过 425 ℃时，离散的细观断裂区域快速增加，各斜长石-石英界面均出现了开裂情况。与此同时，岩石断裂韧度迅速劣化，进一步增加微波照射时间，随着岩石凹槽顶端温度继续升高，先前的离散细观断裂区域向外传播发展的同时，与其他断裂区域互相连接贯通，此阶段内岩石断裂韧度继续保持下降趋势，但是下降的速率变缓，随着各矿物界面细观断裂区域发展连通，导致岩石整体强度下降，并由局部严重断裂区域开始破碎失效。

参考文献

[1] Bahraq A A, Jose J, Shameem M, et al. A review on treatment techniques to improve the durability of recycled aggregate concrete: Enhancement mechanisms, performance and cost analysis [J]. Journal of Building Engineering, 2022, 55: 104713.

[2] Kim J, Jang H. Closed-loop recycling of C&D waste: Mechanical properties of concrete with the repeatedly recycled C&D powder as partial cement replacement [J]. Journal of Cleaner Production, 2022, 343: 130977.

[3] Monteiro P J M, Miller S A, Horvath A. Towards sustainable concrete [J]. Nature materials, 2017, 16 (7): 698-699.

[4] Mangi S A, Raza M S, Khahro S H, et al. Recycling of ceramic tiles waste and marble waste in sustainable production of concrete: a review [J]. Environmental Science and Pollution Research, 2022: 1-22.

[5] Lv T, Xu L, Wang J, et al. Review on physical performance, modification mechanisms, carbon emissions and economic costs of recycled aggregates modified with physical enhancement technologies [J]. Journal of Environmental Management, 2024, 357: 120713.

[6] Kurad R, Silvestre J D, de Brito J, et al. Effect of incorporation of high volume of recycled concrete aggregates and fly ash on the strength and global warming potential of concrete [J]. Journal of Cleaner Production, 2017, 166: 485-502.

[7] Shi C, Li Y, Zhang J, et al. Performance enhancement of recycled concrete ag-

gregate–a review [J]. Journal of cleaner production, 2016, 112: 466–472.

[8] Xiao Y, Shao Z, Wei W, et al. Study on mechanism of strength weakening of concrete subjected to microwaves in microwave – assisted concrete recycling [J]. International Journal of Heat and Mass Transfer, 2023, 213: 124353.

[9] Qiu H P, Chen H X, Wu Y C, et al. Heating characteristics and deicing properties of magnetite mortar microwave – absorbing layer on concrete pavement [J]. Journal of Materials in Civil Engineering, 2023, 35 (10): 15729.

[10] Abu–Saleem M, Zhuge Y, Hassanli R, et al. Microwave radiation treatment to improve the strength of recycled plastic aggregate concrete [J]. Case Studies in Construction Materials, 2021, 15: e00728.

[11] Bru K, Touzé S, Bourgeois F, et al. Assessment of a microwave–assisted recycling process for the recovery of high–quality aggregates from concrete waste [J]. International Journal of Mineral Processing, 2014, 126: 90–98.

[12] Zheng Y L, Zhao X B, Zhao Q H, et al. Dielectric properties of hard rock minerals and implications for microwave–assisted rock fracturing [J]. Geomechanics and Geophysics for Geo–Energy and Geo–Resources, 2020, 6: 22.

[13] Makul N, Keangin P, Rattanadecho P, et al. Microwave–assisted heating of cementitious materials: Relative dielectric properties, mechanical property, and experimental and numerical heat transfer characteristics [J]. International Communications in Heat & Mass Transfer, 2010, 37 (8): 1096–1105.

[14] Yuan Y, Shao Z, Qiao R, et al. Quantifying damage evolution within olivine basalt based on crack propagation behavior under microwave irradiation [J]. International Journal of Damage Mechanics, 2021, 30 (10): 1617–1641.

[15] 王超，乔世范，刘红中 . TBM 破岩过程的滚刀受力计算模型研究 [J]. 工程力学，2021，38 (10): 54–63.

[16] Xue Y, Wang J, Zhou M, et al. Prediction of optimum TBM penetration strategy with minimum energy consumption in hard rocks [J]. Computers and Geotechnics, 2022, 148: 104844.

[17] Wang L, Kang Y, Cai Z, et al. The energy method to predict disc cutter wear extent for hard rock TBMs [J]. Tunnelling and Underground Space Technology, 2012, 28: 183-191.

[18] Lu J, Xie H, Li M, et al. Effect of microwave radiation on mechanical behaviors of tight fine sandstone subjected to true triaxial stress [J]. International Journal of Rock Mechanics and Mining Sciences, 2022, 152: 105063.

[19] Batchelor AR, Jones DA, Plint S, et al. Deriving the ideal ore texture for microwave treatment of metalliferous ores [J]. Minerals Engineering, 2015, 84: 116-129.

[20] Zheng Y, Ma Z, Zhao X, et al. Experimental investigation on the thermal, mechanical and cracking behaviours of three igneous rocks under microwave treatment [J]. Rock Mechanics and Rock Engineering, 2020, 53 (8): 3657-3671.

[21] Hassani F, Nekoovaght P M, Gharib N. The influence of microwave irradiation on rocks for microwave-assisted underground excavation [J]. Journal of Rock Mechanics & Geotechnical Engineering, 2016, 8 (1): 1-15.

[22] Lu G, Feng X, Li Y, et al. Influence of microwave treatment on mechanical behaviour of compact basalts under different confining pressures [J]. Journal of Rock Mechanics and Geotechnical Engineering, 2020, 12 (2): 213-222.

[23] Nie Y, Zheng Y, Li J. Modelling microwave fracturing of rocks: A continuum-discontinuum numerical approach [J]. International Journal of Rock Mechanics and Mining Sciences, 2025, 186: 105975.

[24] Teimoori K, Cooper R. Multiphysics study of microwave irradiation effects on rock breakage system [J]. International Journal of Rock Mechanics and Mining Sciences, 2021, 140: 104586.

[25] 田军，卢高明，冯夏庭，等．主要造岩矿物微波敏感性实验研究 [J]. 岩土力学，2019 (6): 2066-2074.

[26] 高明忠，谢晶，杨本高，等．场微波作用下岩石体破裂特征及其机制探

索 [J]. 煤炭学报, 2022, 47 (03): 1122-1137.

[27] 陈登红, 王智鹏, 袁永强, 等. 较低功率微波辐射三类硬岩失水升温损伤规律与声发射特征 [J]. 岩石力学与工程学报: 2023, 42 (01): 168-182.

[28] Ahmadihosseini A, Shadi A, Rabiei M, et al. Computational study of microwave heating for rock fragmentation; model development and validation [J]. International Journal of Thermal Sciences, 2022, 181: 107746.

[29] 杨雪霞. 微波技术基础 [M]. 北京: 清华大学出版社, 2015.

[30] Meredith R J. Engineer's handbook of industrial microwave heating [M]. London: The Institution of Engineering and Technology. 1998.

[31] 张兆镗, 钟若青. 微波加热技术基础 [M]. 北京: 电子工业出版社, 1988.

[32] Pickles C A. Microwaves in extractive metallurgy: Part 1-Review of fundamentals [J]. Minerals Engineering, 2009, 22 (13): 1102-1111.

[33] Mishra RR, Sharma AK. Microwave-material interaction phenomena: Heating mechanisms, challenges and opportunities in material processing [J]. Composites Part A: Applied Science and Manufacturing, 2016, 81: 78-97.

[34] Ulaby F T, Bengal T H, Dobson M C, et al. Microwave dielectric properties of dry rocks [J]. IEEE Transactions on Geoscience & Remote Sensing, 1990, 28 (3): 325-336.

[35] Monti T, Tselev A, Udoudo O, et al. High-resolution dielectric characterization of minerals: A step towards understanding the basic interactions between microwaves and rocks [J]. International Journal of Mineral Processing, 2016, 151: 8-21.

[36] 李雄耀, 冯俊明, 王世杰, 等. 微矩形谐振腔微扰法测量岩石矿物复介电常数 [J]. 材料导报, 2007, 21 (s2): 178-180.

[37] 唐宗熙, 张彪. 用自由空间法测试介质电磁参数 [J]. 电子学报, 2006, 34 (001): 189-192.

[38] Saint A M. Frequency and temperature dependence of dielectric properties of

some common rocks [D]. Massachusetts: Massachusetts Institute of Technology, 1968.

[39] Campbell M J, Ulrichs J. Electrical properties of rocks and their significance for lunar radar observations [J]. Journal of Geophysical Research, 1969, 74 (25): 5867-5881.

[40] 肖金凯. 矿物的成分和结构对其介电常数的影响 [J]. 矿物学报, 1985, 4: 331-337.

[41] Touloukian Y S, Judd W R, Roy R F. Physical properties of rocks and minerals [M]. New York: McGraw Hill, 1989: 257-330.

[42] Drury M J. Frequency spectrum of the electrical properties of seawater-saturated ocean crust and oceanic island basalts [J]. Canadian Journal of Earth Sciences, 1978, 15 (9): 1489-1495.

[43] Drury M J. Electrical resistivity models of the oceanic crust based on laboratory measurements on basalts and gabbros [J]. Geophysical Journal of the Royal Astronomical Society, 1979, 56 (2): 241-253.

[44] Drury M J, Hyndman R D. The electrical resistivity of oceanic basalts [J]. Journal of Geophysical Research Solid Earth, 1979, 84 (B9): 4537-4545.

[45] Takubo J, Ukai Y, Kuo C C. On the dielectric constants of rocks [J]. Mineralogical Journal, 1953, 1 (1): 25-35.

[46] Bassett H L. A Free-space Focused Microwave System to Determine the Complex Permittivity of Materials to Temperatures Exceeding 2000 ℃ [J]. Review of Scientific Instruments, 1971, 42 (2): 200-204.

[47] Chandrasekaran S, Ramanathan S, Basak T. Microwave material processing-a review [J]. AIChE Journal, 2012, 58: 330-363.

[48] Singh P, Thakur P, Tech M. Microwave Processing of Materials and Applications in Manufacturing Industries [J]. International Journal of Engineering Science and Computing, 2018, 8 (12): 19370-19377.

[49] Chen T T, Dutrizac J E, Haque K E, et al. The Relative Transparency of

Minerals to Microwave Radiation [J]. Canadian Metallurgical Quarterly, 1984, 23 (3): 349-351.

[50] Haque K E. Microwave energy for mineral treatment processes-a brief review [J]. International Journal of Mineral Processing, 1999, 57 (1): 1-24.

[51] Dwivedi H K, Venkateswarlu D S. Thermal design considerations for fast warm up cathodes in MM wave magnetrons [J]. IEEE Transactions on Electronics Devices, 1996, 43 (11): 2011-2018.

[52] Dombrowski G E. Simulation of magnetrons and crossed-field amplifiers [J]. IEEE Transactions on Electron Devices, 1988, 35 (11): 2060-2067.

[53] 吴群，林志安．磁控管谐振系统计算机仿真研究 [J]．哈尔滨工业大学学报，2000，32（3）：33236.

[54] Metaxas A C, Meredith R J. Industrial microwave heating [M]. England: Short Run Press. 1983.

[55] 鲍家善．微波原理 [M]．北京：高等教育出版社，1985.

[56] Ratanadecho P, Aoki K, Akahori M. A numerical and experimental study of microwave drying using a rectangular wave guide [J]. Drying Technology, 2001, 19 (9): 2209-2234.

[57] 余寿文，冯西桥．损伤力学 [M]．北京：清华大学出版社，1977.

[58] 谢和平．岩石、混凝土损伤力学 [M]．江苏：中国矿业大学出版社，1990.

[59] Simmons G, Cooper H W. Thermal cycling cracks in three igneous rocks [J]. International Journal of Rock Mechanics and Mining Science & Geomechanics Abstracts, 1978, 15 (4): 145-148.

[60] Bruner W M. Crack growth during unroofing of crustal rocks: Effects on thermoelastic behavior and near-surface stresses [J]. Journal of Geophysical Research Solid Earth, 1984, 89 (B6): 4167-4184.

[61] Heard H C, Page L. Elastic moduli, thermal expansion, and inferred permeability of two granites to 350°C and 55 MPa [J]. Journal of Geophysical Re-

search Solid Earth, 1982, 87 (B11): 9340-9348.

[62] Pan J B, Lee C C, Lee C H, et al. Application of fracture network model with crack permeability tensor on flow and transport in fractured rock [J]. Engineering Geology, 2010, 116 (1): 166-177.

[63] Zhao, Kun J. Experiment study of rock damage and permeability meso-mechanical coupling failure model under complex condition [J]. Applied Mechanics & Materials, 2010, 40-41: 354-360.

[64] Zimmerman R W. Thermal conductivity of fluid-saturated rocks [J]. Journal of Petroleum Science & Engineering, 1989, 3 (3): 219-227.

[65] Clauser C, Huenges E. Thermal conductivity of rocks and Minerals [M]. Rock Physics & Phase Relations: A Handbook of Physical Constants. America: American Geophysical Union, 1995.

[66] Meredith P G, Atkinson B K. Fracture toughness and subcritical crack growth during high-temperature tensile deformation of Westerly granite and Black gabbro [J]. Physics of the Earth & Planetary Interiors, 1985, 39 (1): 33-51.

[67] 周家文，徐卫亚. 单轴拉伸条件下脆性岩石微裂纹损伤模型研究 [J]. 固体力学学报，2009，30 (05): 509-514.

[68] Fan L, Gao J, Du X, et al. Spatial gradient distributions of thermal shock-induced damage to granite [J]. Journal of Rock Mechanics and Geotechnical Engineering, 2020, 12 (5): 917-926.

[69] Hashin Z. The differential scheme and its application to cracked materials [J]. Journal of the Mechanics and Physics of Solids, 1988, 36 (6): 719-734.

[70] Nematnasser S, Hori M. Micromechanics: Overall Properties of Heterogeneous Materials [J]. Advanced Cement Based Materials, 1995, 2 (3): 561.

[71] Zhu Q Z, Kondo D, Shao J F. Micromechanical analysis of coupling between anisotropic damage and friction in quasi brittle materials: Role of the homoge-

nization scheme [J]. International Journal of Solids and Structures, 2008, 45 (5): 1385-1405.

[72] Mori T, Tanaka K. Average stress in matrix and average elastic energy of materials with misfitting inclusions [J]. Acta Metallurgica, 1973, 21 (5): 571-574.

[73] Pont C P, Willis R. The effect of spatial distribution on the effective behavior of composite materials and cracked media [J]. Journal of the Mechanics & Physics of Solids, 1995, 43 (12): 1919-1951.

[74] Zheng Q S, Du D X. An explicit and universal applicable estimate for the effective properties of multiphase composites which accounts for inclusion distribution [J]. Journal of the Mechanics & Physics of Solids, 2001, 49 (11): 2765-2788.

[75] Eshelby J W. Elastic Inclusions and Inhomogeneities [J]. Progressive Solid Mechanics, 1961, 2: 87-140.

[76] 沈成康. 断裂力学 [M]. 上海: 同济大学出版社, 1996.

[77] Wang Y, Wang H, Zhao X, et al. Fracture of brittle material with two 3D parallel internal cracks under thermal stress: experimental and numerical analysis [J]. Engineering Fracture Mechanics, 2023, 109095.

[78] Zhou X, Fu L, Cheng H, et al. Cracking behaviours of rock-like materials containing three preexisting flaws after high-temperature treatments [J]. Fatigue & Fracture of Engineering Materials & Structures, 2021, 44 (3): 622-635.

[79] Wang J, Zuo J, Sun Y, et al. The effects of thermal treatments on the fatigue crack growth of Beishan granite: an in-situ observation study [J]. Bulletin of Engineering Geology and the Environment, 2021, 80: 1541-1555.

[80] 左建平, 黄亚明, 刘连峰. 含偏置缺口玄武岩原位三点弯曲细观断裂研究 [J]. 岩石力学与工程学报, 2013, 32 (04): 740-746.

[81] Fredrich J T, Wong T F. Micromechanics of thermally induced cracking in

three crustal rocks [J]. Journal of Geophysical Research Solid Earth, 1986, 91 (B12): 12743-12764.

[82] Marder, M. Instability of a crack in a heated strip [J]. Physical Review E, 1994, 49 (1): R51-R54.

[83] Cotterell B, Rice J R. Slightly curved or kinked cracks [J]. International Journal of Fracture, 1980, 16 (2): 155-169.

[84] Corson F, Adda-Bedia M, Henry H, et al. Thermal fracture as a framework for quasi-static crack propagation [J]. International Journal of Fracture, 2008, 158 (1): 1-14.

[85] Homandetienne F, Houpert R. Thermally induced microcracking in granites: characterization and analysis [J]. International Journal of Rock Mechanics & Mining Sciences & Geomechanics Abstracts, 1989, 26 (2): 125-134.

[86] Zeng J, Hu Q, Chen Y, et al. Experimental investigation on structural evolution of granite at high temperature induced by microwave irradiation [J]. Mineralogy and Petrology, 2019, 113: 745-754.

[87] Nicco M, Holley EA, Hartlieb P, et al. Textural and mineralogical controls on microwave-induced cracking in granites [J]. Rock Mechanics and Rock Engineering, 2020, 53: 4745-4765.

[88] Xu T, He L, Zheng Y, et al. Experimental and numerical investigations of microwave-induced damage and fracture formation in rock [J]. Journal of Thermal Stresses, 2020, 44 (4): 513-528.

[89] Ma Z, Zheng Y, Li J, et al. Characterizing thermal damage of diorite treated by an open-ended microwave antenna [J]. International Journal of Rock Mechanics and Mining Sciences, 2022, 149: 104996.

[90] Jerby, E. The Microwave Drill [J]. Science, 2002, 298 (5593): 587-589.

[91] Hartlieb P, Grafe B, Shepel T, et al. Experimental study on artificially induced crack patterns and their consequences on mechanical excavation proces-

ses [J]. International Journal of Rock Mechanics and Mining Sciences, 2017, 100: 160-169.

[92] Kingman S W, Jackson K, Bradshaw S M, et al. An investigation into the influence of microwave treatment on mineral ore comminution [J]. Powder Technology, 2004, 146 (3): 176-184.

[93] Peinsitt T, Kuchar F. Microwave heating of dry and water saturated basalt, granite and sandstone [J]. International Journal of Mining & Mineral Engineering, 2010, 2 (1): 18-29.

[94] Song S, Campostoro E F, LópezValdivieso, Alejandro. Formation of micro-fractures on an oolitic iron ore under microwave treatment and its effect on selective fragmentation [J]. Powder Technology, 2013, 243 (7): 155-160.

[95] 李元辉，卢高明，冯夏庭，等．微波加热路径对硬岩破碎效果影响试验研究 [J]. 岩石力学与工程学报，2017，036 (006)：1460-1468.

[96] Kahraman S, Canpolat AN, Fener M. The influence of microwave treatment on the compressive and tensile strength of igneous rocks [J]. International Journal of Rock Mechanics and Mining Sciences, 2020, 129: 104303.

[97] Rizmanoski V. The effect of microwave pretreatment on impact breakage of copper ore [J]. Minerals Engineering, 2011, 24 (14): 1609-1618.

[98] Yin T, Wu B, Wang C, et al. Determination of Dynamic Tensile Strength of Microwave-Induced Basalt Using Brazilian Test [J]. Rock Mechanics and Rock Engineering, 2022: 1-15.

[99] 戴俊，王羽亮，黄斌斌，等．水对微波辐射下硬岩劣化效果的影响试验研究 [J]. 地下空间与工程学报，2020，16 (3)：691-696.

[100] Li X, Wang S, Xu Y, et al. Effect of microwave irradiation on dynamic mode-I fracture parameters of Barre granite [J]. Engineering Fracture Mechanics, 2020, 224: 106748.

[101] Bai G, Sun Q, Jia H, et al. Variations in fracture toughness of SCB granite influenced by microwave heating [J]. Engineering Fracture Mechanics,

2021, 258: 108048.

[102] Wang Y, Djordjevic N. Thermal stress FEM analysis of rock with microwave energy [J]. International Journal of Mineral Processing, 2014, 130: 74-81.

[103] Ali A Y, Bradshaw S M. Quantifying damage around grain boundaries in microwave treated ores [J]. Chemical Engineering and Processing, 2009, 48 (11-12): 1566-1573.

[104] Ali A Y, Bradshaw S M. Confined particle bed breakage of microwave treated and untreated ores [J]. Minerals Engineering, 2011, 24 (14): 1625-1630.

[105] Jones D A, Kingman S W, Whittles D N, et al. Understanding microwave assisted breakage [J]. Minerals Engineering, 2005, 18 (7): 659-669.

[106] 邵珠山，吴丹丹，袁媛，等. 多模微波场中玄武岩加热及内部损伤机理研究 [J]. 应用力学学报，2022，39 (1): 129-136.

[107] 陈方方，祁培培，张志强. 三角形矿物尖锐程度对微波照射岩石效果的影响 [J]. 地下空间与工程学报，2021，17 (2): 390-397.

[108] Toifl M, Meisels R, Hartlieb P, et al. 3D numerical study on microwave induced stresses in inhomogeneous hard rocks [J]. Minerals Engineering, 2016, 90: 29-42.

[109] Toifl M, Hartlieb P, Meisels R, et al. Numerical study of the influence of irradiation parameters on the microwave-induced stresses in granite [J]. Minerals Engineering, 2017, 103-104: 78-92.

[110] Li Y, He L, Xiao H, et al. 2D orthogonal simulation method for multi-physics field evolution in material-structure heterogeneous rocks under microwave irradiation [J]. Computers and Geotechnics, 2025, 184: 107237.

[111] Pressacco M, Kangas J J J, Saksala T. Numerical modelling of microwave irradiated rock fracture [J]. Minerals Engineering, 2023, 203: 108318.

[112] Liang C G, Guo Z S, Yue X, et al. Microwave-assisted breakage of basalt: A viewpoint on analyzing the thermal and mechanical behavior of rock [J].

Energy, 2023, 273: 127225.

[113] Duan Z, Yang J, Zhao Z, et al. Coupled Electromagnetic-Thermal-Mechanical modeling on the damage mechanism of coaxial microwave heating granite [J]. Computers and Geotechnics, 2024, 172: 106469.

[114] Allen J B, Patel R R, Taylor O D S. Multiphysics simulations of microwave induced damage applied to rock samples of varying strength and absorptivity [J]. Journal of Engineering Materials and Technology, 2023, 145 (3): 031005.

[115] Cui G, Chen T, Feng X, et al. Coupled multiscale-modeling of microwave-heating-induced fracturing in shales [J]. International Journal of Rock Mechanics and Mining Sciences, 2020, 136: 104520.

[116] Ma J, Li Z W, Guo W F, et al. Micro-fracture mechanism of microwave induced fracturing of basalt based on a novel Electromagnetic-Thermal-Mechanical coupling model [J]. Computers and Geotechnics, 2025, 177: 106874.

[117] Liu S, Xu J. Analysis on damage mechanical characteristics of marble exposed to high temperature [J]. International Journal of Damage Mechanics, 2015, 24 (8): 1180-1193.

[118] Xu X L, Karakus M. A coupled thermo-mechanical damage model for granite [J]. International Journal of Rock Mechanics & Mining Sciences, 2018, 103: 195-204.

[119] Martin C D, Chandler N A. The progressive fracture of Lac du Bonnet granite [J]. International Journal of Rock Mechanics & Mining Science & Geomechanics Abstracts, 1994, 31 (6): 643-659.

[120] Heap M J, Faulkner D R. Quantifying the evolution of static elastic properties as crystalline rock approaches failure [J]. International Journal of Rock Mechanics & Mining Sciences, 2008, 45 (4): 564-573.

[121] 常丽华，曹林，高福红．火成岩鉴定手册［M］．北京：地质出版

社, 2009.

[122] Rosenholtz, Smith. The dielectric constant of mineral powders [J]. American Mineralogist, 1936, 21 (2): 115-120.

[123] Howell, Licastro. Dielectric behavior of rocks and minerals [J]. American Mineralogist, 1961, 46 (3-4 Part 1): 269-288.

[124] Nelson S O, Lindroth D P, Blake R L. Dielectric properties of selected minerals at 1 to 22 GHz [J]. Geophysics, 1989, 54 (10): 1344-1349.

[125] Zheng Y, Wang S, Feng J, et al. Measurement of the complex permittivity of dry rocks and minerals: application of polythene dilution method and Lichtenecker's mixture formulae [J]. Geophysical Journal of the Royal Astronomical Society, 2005, 163 (3): 1195-1202.

[126] Cumbane A. Microwave treatment of minerals and ores: dielectric properties of minerals—the effect of microwave radiation on the grindability and mineral liberation [D]. Nottingham: University of Nottingham, 2003.

[127] Harrison P C. A fundamental study of the heating effect of 2.45 GHz microwave radiation on minerals [D]. Birmingham: University of Birmingham, 1997.

[128] Khan M T, Ali S M. A brief review of measuring techniques for characterization of dielectric materials [J]. International Journal of Information Technology and Electrical Engineering, 2012, 1 (1): 1-5.

[129] Gregory A P, Clarke R N. A review of RF and microwave techniques for dielectric measurements on polar liquids [J]. IEEE Transactions on Dielectrics and Electrical Insulation, 2006, 13 (4): 727-743.

[130] Venkatesh M S, Raghavan G S V. An overview of dielectric properties measuring techniques [J]. Canadian Biosystems Engineering, 2005, 47 (7): 15-30.

[131] Zakri T, Laurent J P, Vauclin M. Theoretical evidence for 'Lichtenecker's mixture formulae' based on the effective medium theory [J]. Journal of Physics D Applied Physics, 1998, 31: 1589-1594.

[132] 胡汉平．热传导理论［M］．合肥：中国科学技术大学出版社，2010：1.
[133] Carslaw H S, Jaeger J C. Conduction of Heat in Solids [M]. Oxford: Clarc-ndonPress, 1986.
[134] 王绍林．微波加热原理及其应用［J］．物理，1997，26（4）：1001-6988.
[135] 王丰．相似理论及其在传热学中的应用［M］．北京：高等教育出版社，1990.
[136] Timoshenko S, Goodier J N. Theory of elasiticity, 2nd [M]. New York: McGraw-Hill Book Company, Inc., 1951.
[137] 徐芝纶．弹性力学，第4版［M］．北京：高等教育出版社，2006.
[138] 金玉明，顾新身，毛瑞庭．积分的方法与技巧［M］．合肥：中国科学技术大学出版社，2017.
[139] Shao Z S, Ma G W. Thermo-mechanical stresses in functionally graded circular hollow cylinder with linearly increasing boundary temperature [J]. Composite Structures, 2008, 83 (3): 259-265.
[140] Qiao R, Shao Z, Liu F, et al. Damage evolution and safety assessment of tunnel lining subjected to long-duration fire [J]. Tunnelling and Underground Space Technology, 2019, 83: 354-363.
[141] Qiao R, Shao Z, Wei W, et al. Theoretical Investigation into the Thermo-Mechanical Behaviours of Tunnel Lining During RABT Fire Development [J]. Arabian Journal for Science & Engineering, 2019, 44 (5): 4807-4818.
[142] Carpenter M A, Salje E K H, Graeme-Barber A, et al. Calibration of excess thermodynamic properties and elastic constant variations associated with the alpha-beta phase transition in quartz [J]. American Mineralogist. 1998; 83: 2-22.
[143] Hartlieb P, Leindl M, Kuchar F, et al. Damage of basalt induced by microwave irradiation [J]. Minerals Engineering. 2012; 31: 82-9.
[144] Blair B E. Physical properties of mine rock [M]. Washington: U. S. B. M. R. I, 1955.

[145] Hartlieb P, Toifl M, Kuchar F, et al. Thermo-physical properties of selected hard rocks and their relation to microwave-assisted comminution [J]. Minerals Engineering, 2016, 91: 34-41.

[146] Lan W, Wang H, Zhang X, et al. Investigation on the mechanism of micro-cracks generated by microwave heating in coal and rock [J]. Energy. 2020, 206: 118211.

[147] 谢和平. 岩石、混凝土损伤力学 [M]. 徐州：中国矿业大学出版社，1990.

[148] Griffiths D J. Introduction to electrodynamics, 3rd ed [M]. Upper Saddle River: Prentice Hall, 1999.

[149] Walsh J B. The effect of cracks on the compressibility of rock [J]. Journal of Geophysical Research. 1965, 70 (2): 381-389.

[150] Berry J P. Some kinetic considerations of the Griffith criterion for fracture-Ⅰ: Equations of motion at constant force [J]. Journal of the Mechanics and Physics of Solids. 1960, 8: 194-206.

[151] Tromans D, Meech JA. Fracture toughness and surface energies of minerals: theoretical estimates for oxides, sulphides, silicates and halides [J]. Minering Engineering, 2002, 15 (12): 1027-1041.

[152] 朱珍德，渠文平，蒋志坚. 岩石细观结构量化试验研究 [J]. 岩石力学与工程学报，2007，026（007）：1313-1324.

[153] Fan L F, Wu Z J, Wan Z, et al. Experimental investigation of thermal effects on dynamic behavior of granite [J]. Applied Thermal Engineering, 2017, 125: 94-103.

[154] Fujii Y, Takemura T, Takahashi M, et al. Surface features of uniaxial tensile fractures and their relation to rock anisotropy in Inada granite [J]. International Journal of Rock Mechanics & Mining Sciences, 2007, 44 (1): 98-107.

[155] Healy D, Rizzo R E, Cornwell D G, et al. FracPaQ: A MATLAB toolbox for

the quantification of fracture patterns [J]. Journal of Structural Geology, 2016, 95: 1-16.

[156] Mauldon M, Dunne W M, Rohrbaugh M B. Circular scanlines and circular windows: new tools for characterizing the geometry of fracture traces [J]. Journal of Structural Geology, 2001, 23 (2-3): 247-258.

[157] Sanderson D J, Nixon C W. The use of topology in fracture network characterization [J]. Journal of Structural Geology, 2015, 72: 55-66.

[158] Manzocchi T. The connectivity of two-dimensional networks of spatially correlated fractures [J]. Water Resources Research, 2002, 38 (9): 1162.

[159] Ashby M F, Sammis C G. The damage mechanics of brittle solids in compression [J]. Pure & Applied Geophysics, 1990, 133 (3): 489-521.

[160] Tromans D, Meech J A. Fracture toughness and surface energies of covalent minerals: theoretical estimates [J]. Minerals Engineering, 2004, 17: 1-15.

[161] 黄克智，于涛文．弹塑性断裂力学 [M]．北京：清华大学出版社，1985.

[162] 褚武扬．断裂力学基础 [M]．北京：科学出版社，1979.

[163] 王仁东．断裂力学理论和应用 [M]．北京：化学工业出版社，1984.

[164] Zhang Z X, Yu J, Kou S Q, et al. Effects of high temperatures on dynamic rock fracture [J]. International Journal of Rock Mechanics & Mining Sciences, 2001, 38 (2): 211-225.

[165] 翟松韬．高温下岩石的宏细观特性试验研究 [D]．上海：上海交通大学，2013.

[166] 李长春，袁建新．考虑温度效应的岩石损伤内时本构关系 [J]．岩土力学，1991，12 (3): 1-10.

[167] 唐世斌，唐春安，朱万成，等．热应力作用下的岩石破裂过程分析 [J]．岩石力学与工程学报，2006，25 (10): 2071-2078.

[168] Yang S Q, Ranjith P G, Jing H W, et al. An experimental investigation on

thermal damage and failure mechanical behavior of granite after exposure to different high temperature treatments [J]. Geothermics, 2017, 65: 180-197.

[169] Li Y, Li J, Ranjith P G, et al. Statistical analysis of thermally induced pre-existing microcracks and their influence on fracture behaviours of granite rock [J]. Theoretical and Applied Fracture Mechanics, 2024, 134 (Part A): 104722.

[170] 沈成康，谢明芳. 断裂力学[M]. 上海：同济大学出版社，1996.

[171] Rao Q, Sun Z, Stephansson O, et al. Shear fracture (Mode Ⅱ) of brittle rock [J]. International Journal of Rock Mechanics and Mining Sciences. 2003, 40 (3): 355-375.

[172] Erdogan F, Sih G C. On the crack extension in plates under plane loading and transverse shear [J]. Journal of Basic Engineering. 1963, 85 (4): 519-525.

[173] Nejati H, Hassani F, Radziszewski P. Experimental investigating of fracture toughness reduction and fracture development in basalt specimens under microwave illumination [C]. Proceeding of Earth & Space Conference. California, 2012.

[174] Nasseri M H B, Schubnel A, Young R P. Coupled evolutions of fracture toughness and elastic wave velocities at high crack density in thermally treated Westerly granite [J]. International Journal of Rock Mechanics & Mining Sciences, 2007, 44 (4): 601-616.

[175] Whittaker B N. Rock fracture mechanics: principles, design, and applications. Developments in Geotechnical Engineering [M]. London: Elsevier, 1992.

[176] Zuo J P, Xie H P, Dai F, et al. Three-point bending test investigation of the fracture behavior of siltstone after thermal treatment [J]. International Journal of Rock Mechanics & Mining Sciences. 2014, 70: 133-143.

[177] Jiang Y, Zhu Z, Yu L, et al. Investigation of the fracture characteristics of granite and green sand-stone under different thermal treatments [J]. Theoretical and Applied Fracture Mechanics. 2022, 118: 103217.

[178] Aliha M R M, Mahdavi E, Ayatollahi M R. Statistical analysis of rock fracture toughness data obtained from different chevron notched and straight cracked mode I specimens [J]. Rock Mechanics and Rock Engineering. 2018, 51: 2095-2114.

[179] Fan L, Gao J, Wu Z, et al. An investigation of thermal effects on micro-properties of granite by X-ray CT tech-nique [J]. Applied Thermal Engineering, 2018, 140: 505-519.

[180] Chen Y L, Wang S R, Ni J, et al. An experimental study of the mechanical properties of granite after high temperature exposure based on mineral characteristics [J]. Engineering Geology, 2017, 220: 234-242.

[181] Saiang C, Miskovsky K. Effects of heat on the mechanical properties of selected rock types: A laboratory study [M]. Qian & Zhou. Harmonising Rock Engineering and the Environment. London: Taylor & Francis Group, 2012: 815-820.

[182] Sygała A, Bukowska M, Janoszek T. High temperature versus geomechanical parameters of selected rocks-the present state of research [J]. Journal of Sustainable Mining, 2013, 12 (4): 45-51.

[183] Bisai R, Palaniappan S K, Pal S K. Influence of individual and combined pre-treatment on the strength properties of granite and sandstone [J]. Arabian Journal of Geosciences, 2020, 13: 7.

[184] Hu Q, Shou Z, Zeng J, et al. Comparative study on the deterioration of granite under microwave irradiation and resistance-heating treatment [J]. Frattura ed Integrita Strutturale, 2019, 50: 638-648.